生物辨识系统与深度学习

张国基　张政国　林聿中　著

北京工业大学出版社

图书在版编目（CIP）数据

生物辨识系统与深度学习 / 张国基，张政国，林聿中著. — 北京：北京工业大学出版社，2018.12（2021.5 重印）
ISBN 978-7-5639-6656-1

Ⅰ. ①生… Ⅱ. ①张… ②张… ③林… Ⅲ. ①计算机应用－生物信息论 Ⅳ. ①Q811.4-39

中国版本图书馆 CIP 数据核字（2019）第 028453 号

生物辨识系统与深度学习

| 著　　者：张国基　张政国　林聿中
| 责任编辑：李俊焕
| 封面设计：点墨轩阁
| 出版发行：北京工业大学出版社
| 　　　　　（北京市朝阳区平乐园 100 号　邮编：100124）
| 　　　　　010-67391722（传真）　　　bgdcbs@sina.com
| 经销单位：全国各地新华书店
| 承印单位：三河市明华印务有限公司
| 开　　本：787 毫米×1092 毫米　1/16
| 印　　张：11.25
| 字　　数：225 千字
| 版　　次：2018 年 12 月第 1 版
| 印　　次：2021 年 5 月第 2 次印刷
| 标准书号：ISBN 978-7-5639-6656-1
| 定　　价：48.00 元

版权所有　翻印必究

（如发现印装质量问题，请寄本社发行部调换 010-67391106）

前　言

随着技术的发展，尤其是互联网的兴起，信息安全问题日益突出，高效、可靠、安全的身份识别方法越来越成为现代软件系统的重要需求。传统的基于密码机制的身份识别手段由于容易被伪造、盗用、破译，已经无法满足现代应用的安全认证需求。当用户使用密码进行系统登录认证的时候，密码设置简单则容易被破解；密码设置复杂则又难以记忆。而采用生物特征识别技术进行系统的认证，相对传统密码，不需要记忆，不容易丢失，便于使用。然而，人脸识别技术在进行系统认证的时候，容易受到光照、表情和遮挡物的影响；声纹验证技术则容易受到周围噪声的干扰并且存在录音盗用的危险；指纹识别技术也存在指模盗用等问题。故单一模态的生物特征识别技术存在着活体检测等安全隐患，因此，实现一个融合多种生物特征的认证架构具有重要的现实意义。然而，已有的一些机器学习算法大都使用浅层结构，而浅层结构的网络很难表示复杂函数。近年来，深度学习技术被业界广泛认可，并在各个相关领域取得了突飞猛进的进展，深度学习为人工智能带来了巨大突破，成为机器学习领域一颗闪耀的新星。

本书针对生物辨识系统与深度学习展开研究，全书共六章，第一章是绪论，内容包括生物辨识概述与生物辨识技术的发展，生物辨识系统及其标准化工作，人工智能、机器学习与深度学习认知；第二章阐释了生物辨识系统的主要技术；第三章解读了深度学习相关理论与技术；第四章以人脸识别算法为例探索了深度学习在生物辨识系统中的应用；第五章以虹膜图像加密为例研究了深度学习在生物辨识系统中的应用；第六章分析了基于人脸识别与深度学习的身份验证系统设计及应用研究。作者在撰写本书过程中，一方面力求简明扼要，另一方面又力求保持较高的学术水平，反映学界对生物辨识系统的最新研究进展和深度学习在生物辨识系统中应用的复杂性。

本书共六章，约 22 万字，由张国基、张政国、林聿中共同撰写。作者在撰写本书的过程中得到了许多专家学者的指导和帮助,在此向他们表示诚挚的谢意。由于作者水平有限,加之时间仓促,书中难免有不尽如人意之处,欢迎各位读者批评指正。

目 录

第一章 绪 论 …………………………………………………………… 1
第一节 生物辨识概述与生物辨识技术的发展 ………………………… 1
第二节 生物辨识系统及其标准化工作 ………………………………… 5
第三节 人工智能、机器学习与深度学习认知 ………………………… 6

第二章 生物辨识系统的主要技术 …………………………………… 17
第一节 指纹识别技术及其应用 ………………………………………… 17
第二节 面相识别技术及其应用 ………………………………………… 41
第三节 虹膜识别技术及其应用 ………………………………………… 54
第四节 其他生物识别技术及其应用 …………………………………… 60

第三章 深度学习相关理论与技术 …………………………………… 83
第一节 人工神经网络与初始化模型 …………………………………… 83
第二节 卷积神经网络与循环神经网络 ………………………………… 96
第三节 深度学习优化算法与训练技巧 ………………………………… 103

第四章 深度学习在生物辨识系统中的应用研究——以人脸识别算法为例 · 111
第一节 基于 PCA 算法的人脸识别 …………………………………… 111
第二节 基于 PCA 算法和 GA 改进的 BP 神经网络的人脸识别 …… 114
第三节 基于 PCA 算法和 GA 改进的 DBNs 网络的人脸识别 ……… 123
第四节 基于 PCA 算法和 SAGA 改进的 DBNs 网络的人脸识别 …… 132

第五章 深度学习在生物辨识系统中的应用研究——以虹膜图像加密为例 · 137
第一节 虹膜图像加密过程与图像预处理 ……………………………… 137
第二节 基于深度学习的虹膜图像加密研究 …………………………… 142

第六章 基于人脸识别与深度学习的身份验证系统设计及应用研究 …… 149
第一节 身份验证系统的发展与应用概述 ……………………………… 149
第二节 身份验证系统相关技术概述 …………………………………… 153

第三节　身份验证系统需求分析与深度学习环境搭建……………157

第四节　身份验证系统的整体框图及设计与实现………………161

参考文献……………………………………………………………172

第一章 绪 论

在高度信息化的现代社会，随着交通、通信、网络技术的高速发展，信息安全显示出前所未有的重要性。在日常生活中以及金融、司法、安检、电子商务等很多场合都需要准确的身份识别以确保系统的安全，因此，人的身份识别技术的应用越来越广泛。传统的身份识别方法主要分为两种，第一种是基于物品的方法，如使用钥匙、ID卡等；第二种是基于知识的方法，如使用密码、口令等。这些传统的身份识别方法存在很多缺陷，基于物品的方法携带不便而且容易丢失、损坏、被盗用或伪造，基于知识的方法容易被遗忘、破解等。因此，传统的身份识别方法受到了严峻的挑战，显得越来越不适应现代科技的发展和社会的进步。本章主要内容包括生物辨识与生物辨识技术发展概述，生物辨识系统及其标准化工作，人工智能、机器学习与深度学习认知。

第一节 生物辨识概述与生物辨识技术的发展

一、生物辨识概述

（一）生物辨识认知

随着计算机和网络技术的发展，信息安全显示出前所未有的重要性，而身份识别作为保证信息安全的必要前提，也越来越受到重视。生物特征识别技术是根据每个人独有的可以采样和测量的生物学特征和行为学特征进行身份识别的技术。生物特征由于不像各种证件类持有物那样容易被窃取，也不像密码、口令那么容易被遗忘或破解，因此在身份识别上体现出了独特的优势，近年来在国际公共安全领域被广泛研究。

人的任何生理/行为特征只要满足以下要求均可作为生物特征。
①普遍性：单一个体均具有该特征。
②独特性：每两个人的该特征必须具有差异性。

③稳定性：该特征至少在一定时间内（相对某种匹配准则）是不变的。

④可采集性：该特征可以被定量测量。

在实际系统中还必须考虑性能、可接受性、防欺骗性等问题，即一个实际的生物特征识别系统必须满足特定的识别准确性、速度和资源要求，对使用者无害且能被受试人群接受，对各种欺骗和攻击手段有足够的鲁棒性。

从生物特征识别本身来看，不同的方法所利用的生物特征、采用的具体模型和算法可能不大相同，但是基本过程是一致的。一个典型的生物特征识别系统包括样本输入、特征提取、模式匹配和系统数据四个模块，可以在认证或鉴别两种决策模式下工作。认证即通过比较获得的生物特征数据和数据库中储存的生物特征模板来验证用户是否为他所声明的身份，它是一对一的比较；鉴别是通过匹配获得的生物特征数据和数据库中储存的生物特征模板来确定用户的身份，它是一对多的比较。

生物特征可分为生理特征和行为特征，人体所固有的生理特征包括面部特征、指纹、手型、掌纹、虹膜、视网膜、体味、耳郭、基因、体热辐射以及手部/面部静脉血管模式等，这些特征不随客观条件和主观意愿而改变。基于行为特征的识别包括击键动力学分析、签名识别、声音识别、步态识别等，这些都与后天环境养成的行为习惯有关。

（二）生物辨识技术的优势

在很多场合下，需要使用安全、鲁棒、不可否认、不可欺骗的个人身份鉴定识别机制来判断个人身份是否合法。随着计算机与网络的普及，人类进入了网络信息时代，身份的数字化和隐秘化，已经成为保护信息安全、个人安全、军事安全和国家安全的重要问题。传统的身份鉴定手段有的基于特定持有物，如身份证、信用卡、钥匙、工作证等；有的基于特定知识，如口令、密码、暗语等。在很多场合需要将这两种方法结合，如在 ATM 取款时，不仅需要信用卡，还需要知道密码。但传统方法的缺点是，特定持有物易丢失、被盗或没有携带；使用特定知识又存在记忆上的问题。

现在尽管有各种各样的加密算法和手段来保证网络上数据传递的安全，但所有的加密算法也都是基于密码的。因此在计算机和网络上，密码代表了几乎一切的权利。拥有了一个用户的密码，就拥有了他的全部权限。但密码最大的问题是它与用户并不唯一绑定，实际上根本无法知道密码输入者的真实身份。人们必须记忆越来越多的密码，如信用卡密码、开机口令、网络登录口令、E-mail 账户密码、电子交易密码等，这些密码的记忆成为一个问题：密码太复杂，容易遗忘；密码太简单，又容易被盗或破译，如常用口令（生日、电话号码、人名等）密码。这些密码的使用隐藏着极大的安全隐患。

生物特征识别技术的发展和实际应用水平的提高，为身份的认证和识别提供了一个先进的技术手段。与传统的身份鉴定手段相比，生物特征识别技术具有以下优点。

①生物特征是人体所固有的特征，具有随身性，不易遗忘或丢失，使用方便。

②生物特征与人体是唯一绑定的，防伪性好。

③在很多应用场合，生物特征识别技术具有传统的身份识别手段无法比拟的优点，如指纹考勤，可防止代打卡的情况；又如身份证，如果嵌入指纹，可有效防止身份证的仿制和伪造问题。

世界各国政府和人民都深刻体会到了安全方便的身份识别技术的重要性和必要性。传统的身份识别手段在反恐方面显得力不从心，远远不能满足人们的需求，各国政府纷纷在生物特征识别技术的研究和应用上进行了大规模的投资。随着生物特征识别算法的不断改进及生物特征传感器芯片的小型化和价格平民化，生物特征识别技术的主要应用领域开始从反恐和刑侦等政府化领域向平民化领域转移，如作息考勤和门禁系统等。生物特征识别技术作为最有效的身份识别技术，其应用领域必将迅速扩大，将日益成为我们生活中不可或缺的一部分。

二、生物辨识技术的发展

（一）生物辨识技术的市场发展

国际世界刚刚经历了一场严峻的经济危机，油价不正常波动，行业信用缺失，通货膨胀的阴影亦挥之不去。在这样的背景下，生物特征识别研究及相关工程项目却在稳步发展，大量经费被投资在基于生物特征识别的公共安全领域的研究中。据国际生物识别组织统计，2012年全球生物特征识别技术的市场份额达到65亿美元，并以每年超过10亿美元的速度增长，到2014年可达到94亿美元的规模。指纹识别仍将占有最大的市场份额，并保持16.3%的年增长率，这其中很大一部分原因是指纹采集设备的价格降低，使得越来越多的个人和团体可以负担得起。市场份额的第二大占有者是人脸识别，其次是基于手部几何特征的识别技术，静脉、虹膜、声音等其他识别技术所占市场份额较小。

就区域而言，欧洲仍将主导生物特征识别市场，而最具发展潜力的则是亚洲技术发达的国家（如韩国、日本）和正在迅速发展的国家（如中国、印度)。为打击恐怖主义、犯罪和非法移民,英国内政部规定从 2008 年开始,旅居英国的非欧洲联盟地区的外国人被强制申请保存指纹、瞳孔等生物特征信息的身份证;至 2017 年,英国全面核发载有生物特征资料的身份证。阿拉伯联合酋长国政府计划将先进的人脸识别技术作为保护关键基础设施安全系统的核心,并已将该系统应用于阿布扎比国际机场的安全防护中。中国商业银行将在电话业务中采用基于声音特征的识别系统以提高安全水平。

在应用领域方面,生物特征识别技术除了被门禁安全、瘦客户机等系统广泛采用外,也因半导体技术的演进和芯片价格的降低而开始进入消费性电子市场,诸如笔记本电脑、手机、键盘、鼠标、随身听等产品,均已有内嵌生物识别技术的成功案例。除了基本的安全防护外,生物特征识别亦提供诸如网站自动登录、权限管制、作业环境设定等个人化功能,并可作为未来电子认证服务的基础,进一步提高产品附加价值。

(二) 我国生物辨识技术的发展

一个有秩序的以人为本的社会,首先应该是作为个体的人能感到安全的社会,如人身安全、财产安全与隐私安全。在诸种安全问题中,一个核心的问题是身份鉴别问题,即如何鉴别对方的身份和如何为自己的身份提供证明:让守法公民顺利地行使自己的权利或享受应有的服务,让犯罪分子或企图以不正当手段侵犯别人利益的人无法匿形。

采用生物特征识别技术,可不必再记忆和设置密码,重要的文件、数据和电子交易都可以利用它进行安全的加密,可有效地防止恶意盗用,使用更加方便。在公共安全、信息安全和军事安全等领域,生物特征识别技术得到了日益广泛的关注,展示了其巨大的应用潜力。身份的失窃与假冒不仅会造成巨大的经济损失,还直接威胁着国家安全。在保障国家公共安全方面,对社会危险分子、恐怖分子及违法犯罪人员进行及时、有效的监控和抓捕至关重要。以指纹、人脸和掌纹识别为代表的生物特征识别技术为此提供了强有力的保障。

我国深刻体会到了安全方便的身份识别和验证技术的重要性和必要性,2006 年初颁布的《国家中长期科学和技术发展规划纲要(2006~2020 年)》在谈到公共安全重点领域以及前沿信息技术的部署时,明确提出要重点研究生物特征识别。2008 年北京奥运会和 2010 年上海世博会,都采用了准确可靠的生物特征识别技术来防止各种可能的恐怖与破坏等犯罪活动。在网络日益普及的今天,信息获取和访问的安全性问题已经引起了社会各界的广泛关注。人们在尽情享受网络所带来的快捷、方便的服务的同时,也经受着隐秘资料的安全性的挑战。生物特征识别技术可以为此提供快捷、方便和可靠的技术手段，人们在能够正常获取信息的基础上，保障信息访问的安全性。在军事安全领域，重要基地人员出入的身份认证、机密资料的管理、撒手锏武器特别是核武器的使用权限的控制等方面，生物特征识别技术也大有用武之地。

我国幅员辽阔、人口众多，是未来生物特征识别技术的应用大国，开展生物特征识别技术的研究对国家公共安全、信息安全和军事安全具有重要意义。因此，在包括人脸、指纹与掌纹识别的生物特征识别领域尽快形成具有我国自主知识产权的理论方法和技术手段势在必行。

第二节　生物辨识系统及其标准化工作

一、生物辨识系统

生物辨识系统包括"生物特征采集子系统""数据预处理子系统""生物特征数据库子系统""生物特征匹配子系统"以及系统识别的对象——人。

"生物特征采集子系统"对识别对象的生物体进行采样，并把采样信号转化为数字代码。它以特定的规则来表示当前采集到的生物特征，并通过某种安全的方式将其传送到"数据预处理子系统"。

"数据预处理子系统"对采集到的生物数据进行信号预处理。一般包括滤波去噪、去伪存真、信号平滑处理等。之后通过特定数学方法，从处理过的数据信号中提取和分离出一系列具有代表性的生物特征值，形成特征值模板，存入"生物特征数据库子系统"中。

在"生物特征数据库子系统"中，需要建立生物特征与身份信息的关联关系，并且保证数据存储的安全和可靠。

"生物特征匹配子系统"通过模式识别算法，将待识别的生物特征与数据库子系统中的生物特征进行比对，并按照事先确定的筛选条件（阈值）判断是否匹配成功。如果匹配成功，就输出库中的人员身份信息。

常见的生物识别系统有自动指纹识别系统、自动脸形识别系统、掌形识别系统和虹膜识别系统等。

对于生物识别系统，人们最关注的两点是准确性和易用性。准确性是生物识别系统存在的前提。但这并不意味着如果不能达到百分之百的准确，就毫无价值。在刑警办案的许多场合，生物识别系统，如脸形识别系统只是一个非常有效的辅助排查手段，不起决策作用。一般在需要监督人参与的业务系统，或者是非面向公众的系统中，以及采集对象较少的情况下，采用准确度不是百分之百的生物识别系统，也不失为一个可行而正确的选择。但对于特别强调自动化、无人监督的业务系统，以及面向公众的公共事务系统，准确性要放在首位来考虑。因此，在这种场合，准确性高的指纹识别和虹膜识别系统，相对比较受欢迎。

易用性是生物识别系统的另一个被关注点。生物识别系统离不开与人的交互。人每天都会频繁使用身份认证系统。系统操作的方便性，响应的快速性，操作结果的可获得性、可理解性，都是尤为重要的。尤其对于公众应用来讲，单人单次操作的时间，如果在30秒以上，就会大大影响公众对该系统的看法。当然作为一个新生事物，生物识别系统正在不断朝着易用方向迈进。在这个过程中，系统会不断适应人提出来的便利性要求，同时，人也需要去了解和适应系统的一些操作规范。就像自动售票机需规定一些操作序列一样，人们一开始是需要学习和适应的。

为了有效地规范性地获得足够多的生物特征，被识别对象需要按采集子系统的提示进行操作，如虹膜识别系统，会要求人注视采集器特定位置定的时间，以能获得有效的数据。掌形识别系统，会要求手指按一定的角度分开放置。而脸形识别系统，则对人的注视角度和环境光线有一定的要求。在目前众多的生物识别系统中，指纹识别系统在易用性上让人更容易接受。

二、生物辨识技术的标准化工作

随着信息技术的发展，人们获取生物特征的方法也越来越多，而且可获取的生物特征种类也在不断增加。但不管生物特征识别的手段如何、获取何种生物特征，对于某一个具体的人，其相应的生物特征是确定的，因此通过多种手段获取的生物特征之间应该存在信息的共享和交换。为达到信息交互，采用统一的准则评价生物特征识别信息，需要制订生物特征识别标准。

目前，生物特征识别的国际标准化工作主要由 ISO/IEC JTC1（国际标准化组织/国际电工委员会第1联合技术委员会）负责。从相关标准的制订情况可以看出，在生物特征识别领域，当前最急需的是用于信息共享和信息交换的数据格式标准，其他接口、测试、轮廓类标准现在还处于概念性的标准研制阶段。

第三节　人工智能、机器学习与深度学习认知

当今时代，人工智能、机器学习、深度学习都是耳熟能详的一些概念。机器学习是实现人工智能的一种方式，而深度学习是机器学习的一个分支。

人工智能从 20 世纪 50 年代开始兴起，机器学习在 20 世纪 80 年代兴起，而深度学习的流行则晚一些，在 2010 年左右。

一、人工智能

人工智能是一门研究如何用人工的方法去模拟和实现人类智能的学科，到目前为止，还没有一个统一的形式化定义。其主要原因是人工智能的定义要依赖智能的定义，而智能目前还无法严格地定义。尽管如此，本节还是从智能的概念入手讨论了人工智能的基本概念。

（一）人工智能的定义

人工智能是一个含义很广的术语，在其发展过程中，具有不同学科背景的人工智能学者对它有着不同的理解，提出了一些不同的观点，如符号主义观点、联结主义观点和行为主义观点等。综合各种不同的人工智能观点，可以从"能力"和"学科"两个方面对人工智能进行定义。从能力的角度看，人工智能是指用人工的方法在机器（计算机）上实现的智能。从学科的角度看，人工智能是一门研究如何构造智能机器或智能系统，使它能模拟、延伸和扩展人类智能的学科。

早在 1950 年人工智能还没有作为一门学科正式出现之前，英国数学家图灵就在他发表的一篇题为《计算机器与智能》的文章中提出了"机器能思维"的观点，并设计了一个很著名的测试机器智能的实验，即"图灵测试"，也叫"图灵实验"。

图灵实验可描述如下。该实验的参加者由一位测试主持人和两个被测试对象组成。其中，两个被测试对象中一个是人，另一个是机器。测试主持人和每个被测试对象分别位于彼此不能看见的房间中，相互之间只能通过计算机终端进行会话。测试开始后，由测试主持人向被测试对象提出各种具有智能性的问题，但不能询问测试者的物理特征。被测试对象在回答问题时，都应尽量使测试者相信自己是"人"，而另一位是"机器"。在这个前提下，要求测试主持人区分这两个被测试对象中哪个是人，哪个是机器。如果无论如何更换测试主持人和被测试对象中的人，测试主持人总能分辨出人和机器的概率都小于 50%，则认为该机器具有了智能。

对图灵的这个测试标准，也有人提出了质疑：认为该测试仅反映了结果的比较，既没有涉及思维的过程，又没有明确参加实验的人是小孩还是具有良好素质的成年人。尽管如此，图灵测试对人工智能学科发展所产生的影响也是十分深远的。

（二）人工智能的划分

人工智能也称为机器智能，是指人工制造出来的机器或系统展现出来的智能。人工智能也可以进一步分为以下两种类型。

第一，弱人工智能：通常是指机器通过机器学习之类的技术从大量数据中学到一些规律，这种学习实际是记忆性的，机器本身并无意识，只是执行某些算法或任务的工具。弱人工智能有时也称为狭义人工智能。

第二，强人工智能：机器具有意识，能够完全像人类一样思考和具有感情。强人工智能也称为通用人工智能或全人工智能。

阿尔法围棋虽然看上去比人类还厉害，但依然只是弱人工智能，本身并无意识可言。而部分人担心的可能会危害到人类的人工智能，则可以定义为第三类人工智能——超级智能指机器具有比人类更强大的智慧，甚至是人类无法理解的智慧。

（三）人工智能的产生与发展过程

人工智能自诞生以来走过了一条坎坷的发展道路。回顾历史，可以按照人工智能在不同时期的主要特征，将其产生与发展过程分为以下五个阶段。

1. 人工智能的孕育期

自远古以来，人类就有着用机器代替人们脑力劳动的幻想。早在公元前900多年，我国就有歌舞机器人流传的记载。到公元前850年，古希腊也有了制造机器人帮助人们劳动的神话传说。此后，在世界的许多国家和地区也都出现了类似的民间传说或神话故事。为追求和实现人类的这一美好愿望，很多科学家都为之付出了艰辛的劳动和不懈的努力。人工智能可以在顷刻间诞生，而孕育这个学科却需要经历一个相当漫长的历史过程。

从古希腊伟大的哲学家亚里士多德创立的演绎法，到德国数学家、哲学家莱布尼茨奠定的数理逻辑的基础；再从英国数学家图灵1936年创立图灵机模型，到美国数学家、电子数字计算机的先驱莫克利等人1946年成功研制出世界上第一台通用电子计算机，这些都为人工智能的诞生奠定了重要的思想理论和物质技术基础。

此外，1943年，美国神经生理学家麦卡洛克和皮特斯一起研制出了世界上第一个人工神经网络模型，开创了以仿生学观点和结构化方法模拟人类智能的途径；1948年，美国著名数学家维纳纳创立了控制论，为以行为模拟观点研究人工智能奠定了理论和技术基础；1950年，图灵发表了题为《计算机能思维吗？》的著名论文，明确提出了"机器能思维"的观点。至此，人工智能的基本雏形已初步形成，人工智能的诞生条件也已基本具备。通常，人们把这一时期称为人工智能的孕育期。

2. 人工智能的形成期

人工智能诞生于一次历史性的聚会。为使计算机变得更"聪明"，或者说使计算机具有智能，1956年夏季，由美国达特茅斯学院的年轻数学家、计算机专家麦卡锡和他的三位朋友，哈佛大学数学家、神经学家明斯基，国际商业机器公司信息中心负责人洛切斯特，贝尔实验室信息部数学研究员香农共同发起，国际商业机器公司的莫尔和塞缪尔，麻省理工学院的塞尔弗里奇和索罗蒙夫，以及兰德公司和（卡内基梅隆大学）的纽厄尔和西蒙共同参与的一个为期两个月的夏季学术研讨会在达特茅斯大学举行。这10位来自美国数学、神经学、心理学、信息科学和计算机科学方面的年轻杰出科学家，在一起共同学习和探讨了用机器模拟人类智能的有关问题，并由麦卡锡提议正式采用"人工智能"这一术语。从而，一个研究如何用机器来模拟人类智能的新兴学科——人工智能诞生了。

在这次会议之后的10多年里，人工智能在定理证明、问题求解、博弈论等众多领域取得了一大批重要研究成果。例如，1956年，塞缪尔成功研制出了具有自学习、自组织和自适应能力的西洋跳棋程序。该程序可以从棋谱中学习，也可以在下棋过程中积累经验、提高棋艺。1957年，纽厄尔和西蒙等人的心理学小组研制了一个称为逻辑理论机的数学定理证明程序。该程序可以模拟人类用数理逻辑证明定理时的思维规律，去证明像不定积分、三角函数、代数方程等数学问题。1958年，麦卡锡建立了行动规划咨询系统。1960年，麦卡锡又研制了人工智能LISP语言。1965年，鲁滨孙提出了归结（消解）原理。1968年，美国斯坦福大学费根鲍姆领导的研究小组成功研制出了化学专家系统DENDRAL。此外，在人工神经网络方面，1957年，罗森布拉特等人研制了感知器，利用感知器可进行简单的文字、图像、声音识别。

3. 人工智能的知识应用期

正当人们在为人工智能所取得的成就而高兴的时候，人工智能却遇到了许多困难，遭受了很大的挫折。然而，在困难和挫折面前，人工智能的先驱者们并没有退缩，他们在反思中认真总结了人工智能发展过程中的经验教训，从而又开创了一条以知识为中心、面向应用开发的研究道路，使人工智能又进入了一条新的发展道路。通常，人们把从1971年到20世纪80年代末这段时间称为人工智能的知识应用期，也有人称为低潮时期。

（1）人工智能的挫折和教训

人工智能在经过形成时期的快速发展之后，很快就遇到了如下许多麻烦。

①在博弈方面，塞缪尔的下棋程序在与世界冠军对弈时，五局中败了四局。

②在定理证明方面，发现鲁滨孙归结法的能力有限。当用归结原理证明两个连续函数之和还是连续函数时，推了10万步也没证出结果。

③在问题求解方面，过去研究的多是良结构的问题，而现实世界中的问题又多为不良结构，如果仍用那些方法去处理，将会产生组合爆炸问题。

④在机器翻译方面，原来人们以为只要有一本双解字典和一些语法知识就可以实现两种语言的互译，但后来发现并不那么简单，甚至会闹出笑话。

⑤在神经生理学方面，研究人员发现人脑由1011～1012个神经元组成，在现有技术条件下用机器从结构上模拟人脑是根本不可能的。对单层感知器模型，明斯基指出了其存在的严重缺陷，致使人工神经网络的研究落入低潮。

⑥在人工智能的本质、理论、思想和机理方面，人工智能受到了来自哲学、心理学、神经生理学等社会各界的责难、怀疑和批评。

在其他方面，人工智能也遇到了这样那样的问题。一些西方国家的人工智能研究经费被削减、研究机构被解散，全世界范围内的人工智能研究陷入困境、跌入低谷。

（2）以知识为中心的研究时期

科学的真谛总是先由少数人创造出来的。早在20世纪60年代中期，当大多数人工智能学者正热衷于对博弈、定理证明、问题求解等进行研究时，专家系统这一个重要研究领域也开始悄悄地孕育。正是专家系统这棵幼小萌芽的存在，才使得人工智能能够在后来出现的困难和挫折中很快找到前进的方向，又迅速地再度兴起。

专家系统是一个具有大量专门知识，并能够利用这些知识去解决特定领域中需要由专家才能解决的那些问题的计算机程序。专家系统实现了人工智能从理论研究走向实际应用，从一般思维规律探讨走向专门知识运用的重大突破，是人工智能发展史上的一次重要转折。

当时，国际上最著名的两个专家系统分别是1976年费根鲍姆领导研制的MYCIN专家系统和1981年斯坦福大学国际人工智能研究中心杜达等人研制的地质勘探专家系统PROSPECTOR。其中MYCIN专家系统可以识别51种病菌，能正确使用23种抗生素，能协助内科医生诊断、治疗细菌感染疾病，并从技术上解决了诸如知识表示、不确定性推理、搜索策略、人机联系、知识获取及专家系统基本结构等一系列重大问题。

1977年，费根鲍姆正式提出了知识工程的概念，进一步推动了基于知识的专家系统及其他知识工程系统的发展。专家系统的成功，说明了知识在智能系统中的重要性，使人们更清楚地认识到人工智能系统应该是一个知识处理系统，而知识表示、知识获取、知识利用则是人工智能系统的三个基本问题。

这一时期，与专家系统同时发展的重要领域还有计算机视觉、机器人、自然语言理解和机器翻译等。此外，在知识工程长足发展的同时，一直处于低谷的人工神经网络也开始慢慢复苏。1982年，霍普菲尔特提出了一种新的全互联型人工神经网络，成功地解决了计算复杂度为 NP 完全的"旅行商"问题。1986年，鲁梅尔哈特等研制出了具有误差反向传播功能的多层前馈网络，简称 BP 网络，实现了明斯基关于多层网络的设想。

4. 从学派分立走向综合时期

随着人工神经网络的再度兴起和布鲁克斯的机器虫的出现，人工智能研究形成了相对独立的三大学派，即基于知识工程的符号主义学派、基于人工神经网络的联结主义学派和基于控制论的行为主义学派。

其中，符号主义学派强调知识的表示和推理；联结主义学派强调神经元的联结活动过程；行为主义学派强调对外界环境的感知和适应。它们在学术观点与科学方法上存在着严重分歧，在特定的历史条件下，各自走出了自己的研究道路和成长历史。但是，随着研究和应用的深入，人们又逐步认识到，三个学派各有所长，各有所短，应相互结合、取长补短、综合集成。因此，人们通常把20世纪80年代末到21世纪初的这段时间称为从学派分立走向综合的时期。

5. 智能科学技术学科的兴起阶段

自21世纪初以来，一个以人工智能为核心，以自然智能、人工智能、集成智能和协同智能为一体的新的智能科学技术学科正在逐步兴起，并引起了人们的极大关注。所谓集成智能是指自然智能与人工智能通过协调配合所集成的智能；所谓协同智能是指个体智能相互协调所涌现的群体智能。智能科学技术学科研究的主要特征：①由对人工智能的单一研究走向以自然智能、人工智能、集成智能为一体的协同智能研究；②由人工智能学科的独立研究走向重视与脑科学、认知科学等学科的交叉研究；③由多个不同学派的分立研究走向多学派的综合研究；④由对个体、集中智能的研究走向对群体、分布智能的研究。

二、机器学习

机器学习是一门研究计算机怎样模拟或实现人类的学习行为的学科。机器学习算法是从数据中自动分析并获得规律，进而可以对未知数据进行预测的算法。

（一）机器学习溯源

很多时候，人们希望能借助机器的力量来自动完成一些任务，从而将人类从烦琐的事项中解放出来。比如自动监测违规车辆及排查嫌疑车，可以代替交通警察用人眼监控显示屏；自动驾驶，可以选择最佳路线、躲避其他车辆，从而实现安全驾驶；自动人脸识别，可以代替人工完成特定的服务。

概括来说，这个过程涉及了两大步骤。

第一步，认知这个世界，获取信息。

第二步，根据信息进行判断和决策。

从人类的角度看，第二步显然重要得多。人们进行了种种努力，不断探索如何能排除感性的干扰，做出更加理性的决策。这样的决策在给定信息的情况下，被称为"全局最优"策略。而这一步，在机器看来却轻巧得多，它可以充分调动强大的计算能力，综合各种优化算法，在极短的时间内就给出最优的答案。

但是"像人类一样认知这个世界"——却不是它的强项。面对一张图片，它可以告诉你一共有多少个像素点，也可以准确地给出图片上每一个像素点的像素值，但却分辨不了那些像素点组成的脸庞。十年前机器学习领域还在聚焦于如何能让机器准确地识别类似简单的物体。机器的识别能力甚至比不上一个3岁的孩童。不仅如此，在经过训练能认出图片上的物体后，一旦光影变幻、物体遮挡或角度变化，就很可能又会识别失败。

人们不知道怎么教机器这个憨憨的学生去"感知"这个世界。于是人们转而看看关于自己大脑的研究，也就是神经科学，希望能获得一些关于"认知"的理论。可惜，当时的大脑神经科学也是一片广阔而又充满了未解之谜的领域。虽然人们对神经元的研究有了一定的成果，但还不足以解释"认知"这个宏大的课题。尽管如此，人们还是乐观地开始了对机器学习领域中的人工神经网络的研究。经过大半个世纪的坎坷和沉浮，机器学习在各个领域都取得了惊人的进展。

机器学习的领域很广泛，与视觉相关的领域包括物体识别、图像分割、图像索引、人脸识别、场景识别、场景匹配等。而且还有很多有趣的商业应用，比如谷歌眼镜等。与听觉相关的领域包括语音识别、乐曲片段匹配，甚至有自动作曲这样有趣的方向。与认知相关的领域包括自然语言处理、专家系统等。

基于对人群偏好的推测而进行的内容推荐，也由于有着广阔的应用场景而成为机器学习中很热门的一个领域，包括诸如网页推荐、广告推荐、购物产品推荐、电影推荐等。

此外，还有很多其他五花八门的方向，比如机器人的相关研究。斯坦福大学视觉实验室的 Jackrabbot 就是一个带着领带、风度翩翩的社会化行走机器人。和其他机器人不同，它在人行道上行走时，会特别学习人类的社会习惯，比如行走时注意他人的个人空间、有礼貌地行走，而不是只为了走到目的地而加快步伐地横冲直撞。

这里，简单澄清一些与机器学习密切相关且容易混淆的概念。

模式识别——在一定程度上等同于机器学习，一般认为模式识别最初来自工业界，而机器学习来自学术界。

统计学习——也是机器学习的近义词，机器学习的很多方法都源自统计学习，这些方法往往具有优美的数学推导，比如支持向量机方法等。总体上，统计学习更偏数学理论一些，而机器学习更偏实践一些。

数据挖掘——在有些场景中也等同于机器学习，但更专业的解释应该是机器学习在大数据领域的应用，利用机器学习的方法从大数据中挖掘出规律或知识。

计算机视觉——强调机器学习在图像领域的应用。可以说，迄今为止，计算机视觉是机器学习尤其是深度学习应用最成功的领域，没有之一。

语音识别——研究机器听懂人类声音的领域。目前语音识别也取得了长足的进步，有语音输入法等大家耳熟能详的应用。

自然语言处理——研究机器理解人类语言的领域。相比计算机视觉、语音识别的感知问题，自然语言处理尤其是其中的语义理解属于认知问题，相对更难一些。

（二）机器学习的发展

由于机器学习只是实现人工智能的一种方式，所以人工智能的发展史实质上包括了机器学习的发展历程。"推理期""知识期""学习期"就是指与机器学习相关的主流时期，感知机、支持向量机、神经网络等又是机器学习具体的模型，在此不再赘述。

可以说，1996 年至今，机器学习在工业界得到广泛应用，从而使机器学习的发展达到了一个前所未有的新高度。

比如搜索引擎中的分词、新词挖掘、垃圾网页过滤、网页滤重、主题模型、摘要提取、特征学习等，大量使用了机器学习中的逻辑回归、支持向量机、概率图、深度学习等模型。

再比如在广告点击率预测中广泛使用了机器学习中的企业流程再造、深度学习等相关技术。

（三）机器学习的方法

机器学习的方法可以大致分为监督学习、无监督学习、半监督学习、增强学习等几类。

监督学习——通过对标注的训练数据进行学习，得到一个从输入特征到标签的映射模型，再利用这个模型对未知标签的新数据进行预测。比如我们拥有大量有用的邮件，同时拥有大量垃圾邮件，那么就可以训练一个监督学习模型来做垃圾邮件分类，最终得到的模型就能鉴定新邮件是否是垃圾邮件。

监督学习又可以进一步分为分类和回归等类别。如果标签是离散类别的，则一般认为是分类问题，比如前面提到的垃圾邮件分类等；而如果标签是连续数值型的，则一般认为是回归问题，比如房价的预测问题等。

无监督学习——不需要对训练数据进行标注，直接对数据进行建模。比如一堆杂乱无章的文字片段或者图片，完全可以根据文字或图片本身的内容对其进行大致的归类。

无监督学习比较常见的类别有聚类、密度估计和降维等。其中，聚类是根据样本之间的特征相似度将一组数据聚为一类，使得类内的数据相似度比不同类间的数据相似度更高。密度估计是根据数据集统计推断样本集对应的概率分布。降维，顾名思义，就是降低输入数据的维度。在很多应用中，原始数据具有非常高的维度（比如在广告点击率预测应用中，特征维度往往达到上亿级别），而且有很多特征是冗余或者不相关的，降维算法有助于去除无关特征、合并冗余特征。

半监督学习——介于监督学习和无监督学习之间的方法。在实际应用中，数据标注往往对模型的学习非常有帮助，但代价也不低，有时候甚至超过了可以忍受的限度，这时候半监督学习就是一种很好的选择。半监督学习的方法非常多，其中滚雪球式的主动学习是数据挖掘中常用的方法，利用学习算法主动选出最值得标注的数据进行人工标注，标注完成后，新的标注数据和之前的标注数据合在一起继续进行训练，训练完毕后继续用算法甄选性价比最高的数据进行人工标注，如此不断迭代，最后得到的模型效果往往非常好。

增强学习——一种交互式的学习方法，模型根据环境给予的奖励或惩罚不断调整自己的策略，尽量获得最大的长远收益。

三、深度学习

在人工智能的发展史中，不难看到神经网络的踪影。作为机器学习的一个分支，神经网络的发展也是跌宕起伏的。

神经网络是从人类脑神经元的研究中获得灵感，模拟其神经元的功能和网络结构，来完成认知任务的一类机器学习算法；还有一类机器学习算法，则不局限于神经元，而是尝试将问题从数学上抽象，从而对该简化的数学问题进行研究并做出解答。而深度学习，则是指多层神经网络，即隐层大于一层的神经网络。

（一）神经网络的提出与发展

早在1943年，人工神经网络就已被提出，人们分析了理想化的人工神经元网络，并且指出了它们运行简单逻辑运算的机制。但这仅仅是一种理想化的蓝图。直至将近15年后，康奈尔大学的实验心理学家在一台IBM-704计算机上模拟实现了一种叫作"感知机"的神经网络模型，人工神经网络才走进了现实。稍后，伴随着一本名为《神经动力学原理：感知机和大脑机制的理论》的书，感知机迅速获得了人们的关注，并被寄予了极高的期望。

然而，1969年，一本名为《感知机》的书详细地分析了感知机的适用范围，并明确提出了简单的异或逻辑问题。尽管在5年后，证明了，只要在感知机的网络中多加一层，并且利用"后向传播"的学习方法，就可以解决异或问题，但是人们依然对感知机持悲观的态度。不仅如此，这种看法还扩大到所有的神经网络科学上，以至于人们对整个神经网络的研究陷入了停滞状态。

为了本书内容的简洁性，以下如不特指，"神经网络"均指代"人工神经网络"。

（二）神经网络的困境与支持向量机的独领风骚

从20世纪70年代开始，人们对神经网络的研究热情不断下降。与此同时，科学家创造性地提出了VC维的概念，以及结构风险最小化原则。随着这个理论的深入，并经过20年的摸索后，科学家在1993年提出了"支持向量机"，成功地将其应用于实际问题中。支持向量机旨在利用核技巧把非线性问题转换成线性问题，解决了感知机所不能解决的问题，一时间独领风骚。其坚实的理论基础和解决现实问题的有效性，使它获得了广泛的认可。而同时，统计机器学习理论专家从理论的角度对神经网络的泛化能力提出了质疑，学术界对于神经网络的研究也更加趋于悲观。

尽管如此，在这个长达半个世纪的冰河期，依然有神经网络学家在坚守着自己的阵地。1982年，提出了一种新的神经网络，它可以解决一大类模式识别问题。1986年，提出了神经网络的学习算法——后向传播。随后发明了卷积神经网络，并利用其实现了自动提取图像的特征，成功地完成了手写数字的识别。这些都为后来神经网络的再次兴起奠定了坚实的基础。

（三）深度学习的提出与发展

2006年，提出了深度神经网络（深度学习）。深度神经网络指的是隐层大于一层的网络结构。提出首先用限制玻尔兹曼机经过非监督学习来学习网络结构，然后再由后向传播算法学习网络内部的参数值。

尽管如此，深度学习仍然广受质疑。它于2012年在计算机视觉领域的著名比赛——Image Net 分类比赛中崭露头角。这是深度学习在沉寂半个世纪后，第一次在机器学习领域的比赛中参赛，并且取得了卓著的成绩，震动了整个机器学习界。这一成绩坚实地印证了深度学习的有效性，随后它在各个领域也都迅速拔得头筹。深度学习正式进入了复兴和辉煌的时代。

这一次复兴，离不开相关研究者的努力工作，他们坚信神经网络的有效实用性，并不断摸索真正可行的神经网络道路。21世纪不断普及的大数据以及高度并行的计算设备——图形处理单元也为神经网络提供了必不可少的支持。有了这些，才有了深度学习在各个领域遍地开花的今天。

回顾神经网络的兴起—衰落—复兴—辉煌的过程，不禁让人唏嘘。如今深度学习研究的大放异彩，离不开大师们近半个世纪的坚守和在质疑中坚定地前行。这不仅需要灵感，还需要魄力，以及一以贯之的坚定的信心。

深度学习在图像识别领域大获成功之后，又被迅速应用到其他问题上。看起来各不相同的问题，一旦理解它们仅仅是特征不同、基于特征都要完成对应的分类问题时，各个问题似乎就有了相似之处。当然，在实践中，成功地把深度学习应用于各类问题上还是需要相当的想象力、创造力以及对模型的把控力的。

第二章 生物辨识系统的主要技术

生物特征识别技术是为了进行身份验证而采用自动测量技术测量被测者的身体特征或行为特点,并将这些特征或特点与数据库中的模板数据进行比较以完成认证的一种技术。随着计算机应用的发展和信息化需求的增长,生物特征识别技术已由早期的仅在刑侦等小范围内应用,逐步发展到政府、军队、金融、电信、制造、教育等领域。本章主要探讨指纹识别技术、面相识别技术、虹膜识别技术原理以及其他生物识别技术的原理及应用。

第一节 指纹识别技术及其应用

一、指纹识别技术概述

(一)指纹识别技术的基础知识

1. 指纹识别的优点

①指纹是人体独一无二的特征,并且它们的复杂度足以提供用于鉴别的足够特征。

②如果想要增加可靠性,只需登记更多的指纹,鉴别更多的手指,最多可以达到十个,而每一个指纹都是独一无二的。

③扫描指纹的速度很快,使用非常方便。

④读取指纹时,用户必须将手指与指纹采集头接触。与指纹采集头直接接触是读取人体生物特征最可靠的方法,这也是指纹识别技术能够占领大部分市场的一个主要原因。

⑤指纹采集头可以更加小型化,并且价格会更加低廉。

2. 指纹识别的缺点

①某些人或某些群体的指纹因为指纹特征很少,故很难成像。

②过去因为在犯罪记录中使用指纹,使得某些人害怕"将指纹记录在案"。然而,实际上现在的指纹鉴别技术都可以保证不存储任何含有指纹图像的数

据，而只是存储从指纹中得到的加密的指纹特征数据。

③每一次使用指纹时都会在指纹采集头上留下用户的指纹印痕，而这些指纹痕迹存在被用来复制指纹的可能性。

可见，指纹识别技术是目前最方便、可靠、便宜和非侵害的生物识别技术，市场应用有着很大的潜力。

3. 指纹识别的衡量标志

指纹识别系统的重要衡量标志是识别率。其主要由两部分组成，拒判率和误判率。

通常可以根据不同的用途来调整这两个值。拒判率和误判率是成反比的，用 0～1.0 或百分比来表达这个数。ROC 曲线给出误判率和拒判率之间的关系。尽管指纹识别系统存在着可靠性问题，但其安全性也比相同可靠性级别的"用户 ID+密码"方案的安全性高得多。

例如，采用四位数字密码的系统，不安全概率为 0.01%，如果同采用误判率为 0.01% 的指纹识别系统相比，由于不诚实的人可以在一段时间内试用所有可能的密码，因此四位数密码并不安全，但是他绝对不可能找到一千个人去为他把所有的手指（十个手指）都试一遍。

正因为如此，权威机构认为，在应用中 1% 的误判率就可以接受。拒判率实际上也是系统易用性的重要指标。拒判率和误判率是相互矛盾的，这就使得在应用系统的设计中，要权衡易用性和安全性。

一个有效的办法是比对两个或更多的指纹，从而在不损失易用性的同时，极大地提高系统的安全性。

（二）指纹识别过程

1. 图像预处理

图像预处理部分包括了两个步骤——图像分割与图像增强。

①图像分割。在该步骤中，分割器读输入的指纹图，剪切该指纹图，在基本不损失有用的指纹信息的基础上生成一个比原图像小的指纹图片。这样可减少以后各步骤中要处理的数据量。

②图像增强（滤波）。该步骤用以加强分割后的指纹图，提高图像质量。

2. 特征提取

将灰度指纹图转换成黑白图像，然后形成几百个字节的指纹特征描述。

3. 特征匹配

用上一步获得的特征去匹配数据库中的模板，判断是否为同一手指的两幅纹理图。

（三）指纹识别与其他生物识别的比较

指纹识别与其他生物识别的不同点主要体现在以下几个方面。

1. 指纹识别的平均准确率高

理论上全世界没有完全相同的两枚指纹。但因为算法与采集设备的局限，指纹识别的失误率目前约为百万分之一。这在所有生物识别技术中，仅次于虹膜识别技术。虹膜识别的设备由于目前在市场比较少见，使用并不普遍，与指纹识别设备相比，约为其二十分之一的市场份额。所以指纹识别在实际使用中，仍是准确性最高的技术。准确性排在指纹识别之后的是脸形识别技术。

2. 指纹采集设备的成本较低

指纹采集设备的成本，在所有生物特征采集设备中不是最高的，也不是最低的。构成最简单的指纹识别设备——指纹采集仪，其成本目前已经低至不到400元人民币，这对于指纹识别技术的普及使用是一个可以接受并且有推动力的价格。采集设备成本最低的当属脸形采集设备。一套最简单的脸形采集设备，只需要一个30万像素以上的数码摄像头，这在市场售价不过50元人民币。采集设备成本最高的应该算是虹膜、视网膜采集设备，其价格在20000元人民币以上。

3. 使用者的接受程度高

这主要体现在使用者对生物识别系统在健康和安全方面的考虑和担忧不同。手指是人们日常生活和工作使用最频繁的人体器官之一，与身体外界的物体直接接触最多。而对于虹膜和视网膜识别，因为眼睛的敏感性、重要性以及脆弱性，人们在心理上比较难以接受它受到外界设备的刺激，不管这种刺激是否在当时会带来影响。所以，让人把眼睛对准一台设备接受光线或者其他方式的照射和扫描，多少会有些被侵犯的感觉，除非是万不得已，一般情况下不大愿意接受。所以，指纹识别和掌形、脸形识别一样，属于容易被人接受的一种生物识别方式。

4. 能够适应的应用场景不同

虽然指纹识别和其他基于生理特征的生物识别技术一样，可以用于通道控制，但相对来说，指纹识别技术的应用场景更加广泛。这是由其设备体积小所决定的。目前全球最小的指纹采集器件为 Authen Tec 公司生产的 EntrePad1610 指纹采集芯片，仅为 12mm×5mm，厚度为 1.2mm 或 1.96mm。

这样小的体积，可以使它被应用于小到手机、掌上电脑，大到指纹门禁门锁等各种电子类产品上。而掌形识别、虹膜识别，则几乎无法与它比拟。

同时，因为指纹采集设备可以感知手指的不同动作，如手指移动方向、指纹单击双击等，所以它可以被用于替换部分需要手指操作的控制面板，如笔记本电脑上的触摸板、手机上的方向键等，甚至可以用不同手指表示不同的快捷操作键。另外，基于手指的数目相对脸型、虹膜、掌形等较多，可以实现非常有意义的逻辑组合控制。如对于非常重要的应用场合，可以使用多指认证、多指有序控制等，以实现更为安全的指纹认证。

5. 产业化程度不同

在目前所有的生物识别技术中，指纹识别技术是产业化程度最高的。这不仅是因为指纹识别技术有着悠久的发展历史和漫长的研究过程，还因为指纹识别技术的可接受性促使其被人们不断关注、研究、改进和产品化。从全球来看，指纹识别占整个生物识别市场的将近50%的市场份额。有超过几千家的指纹识别厂商生产数百种以上的指纹识别产品。而其他生物识别技术厂商不足其十分之一。

二、指纹识别技术原理

（一）指纹识别技术的特点

1. 指纹的固有特性

①确定性：每幅指纹的结构是恒定的，指纹一旦形成就终身不变。
②唯一性：两个完全一致的指纹出现的概率非常小，不超过 2^{-36}。
③可分类性：可以按指纹的纹线走向进行分类。

2. 指纹特征识别

指纹是手指末端正面皮肤上凸凹不平的纹路。皮肤的纹路包含了大量的信息，它们构成的图案、断点、交叉点因人而异所以各不相同。对每个人来说，指纹是唯一的、与生俱来的、终身不变的。正是这种唯一性和稳定性，构成了指纹识别原理，即将某人的指纹和预先保存的指纹进行对比就可以识别或验证其真实身份。

（1）指纹总体特征

指纹总体特征是指那些人眼直接可以观察到的特征，如纹形、模式区、核心点、三角点、式样线、纹数等。

①纹形。指纹专家根据研究脊线的走向和分布情况归纳出的基本纹路图案，如环形又称斗形、弓形、螺旋形。

其他的指纹图案都基于这三种基本图案。仅仅依靠图案类型来分辨指纹是远远不够的，这只是一个粗略的分类，但分类使得在大数据库中搜寻指纹更为方便。

②模式区。模式区是指指纹上包括了总体特征的区域，即根据模式区就能够分辨出指纹是属于哪一种类型的。有的指纹识别算法只使用模式区的数据。

③核心点。核心点位于指纹纹路的渐进中心；它是读取指纹和比对指纹时的核心参考点。

④三角点。三角点位于从核心点开始的第一个分叉点或者断点，或者两条纹路会聚处、孤立点、折转处，或者指向这些奇异点。三角点提供了指纹纹路的计数和跟踪的开始之处。

⑤式样线。式样线是指包围模式区的纹路线开始平行的地方所出现的交叉纹路，式样线通常很短就中断了，但它的外侧线开始连续延伸。

⑥纹数。纹数是模式区内指纹纹路的数量。在计算指纹纹数时，一般先连接核心点和三角点，这条连线与指纹纹路相交的数量可认为是指纹的纹数。

（2）指纹的局部特征

指纹的局部特征是指指纹上的节点。两指纹经常会具有相同的总体特征，但它们的局部特征——节点，却不可能完全相同。指纹纹路并不是连续的、平滑笔直的，而是经常出现中断、分叉或打折。这些断点、分叉点和转折点就称为"节点"。就是这些节点提供了指纹唯一性的确认信息。

指纹上的节点有四种不同特性。

①分类：节点有以下几种类型，最典型的是终结点和分叉点。

终结点：一条纹路在此终结。

分叉点：一条纹路在此分开成为两条或更多的纹路。

分歧点：两条平行的纹路在此分开。

孤立点：一条特别短的纹路，以至于成为一点。

环点：一条纹路分开成为两条之后，立即又合并成为一条，这样形成的一个小环称为环点。

短纹：一端较短但不至于成为一点的纹路。

②方向：节点可以朝着一定的方向。

③曲率：描述纹路方向改变的速度。

④位置：节点的位置通过 (x, y) 坐标来描述，可以是绝对的，也可以是相对于三角点或特征点的。

平均每个指纹都有几个独一无二可测量的特征点，每个特征点都有大约7个特征，因此，十个手指最少能产生 4900 个独立可测量的特征。

3. 指纹识别特征的模板建立

指纹识别技术主要涉及四个功能：读取指纹图像、提取特征、保存数据和比对。要对原始图像进行初步处理，使之更清晰。采集到的指纹图像输入到计算机的工作，一般由扫描仪或摄像输入设备完成，它们将一枚指纹转化为一幅数字图像，通常用灰色函数来表示。图像分辨率以每英寸像素数来衡量，分辨率越高，人们在计算机上看到的每英寸的细节就越清楚，图像越精细，质量越好，数据量越大。自动指纹识别系统通过特殊的光电转换设备和计算机图像处理技术，对活体指纹进行采集、分析和对比，可以自动、迅速而准确地鉴别出个人身份。接下来，指纹辨识软件建立指纹的数字表示——特征数据，一种单方向的转换，可以从指纹转换成特征数据但不能从特征数据转换成指纹，而两枚不同的指纹不会产生相同的特征数据。有的算法把节点和方向信息组合产生了更多的数据，这些方向信息表明了各个节点之间的关系，也有的算法还处理整幅指纹图像。总之，这些数据，通常称为模板，保存为1Kb大小的记录。无论它们是怎样组成的，至今仍然没有一种模板的标准，也没有一种公布的抽象算法，而是各个厂商自行决定。最后，通过计算机模糊比较的方法，把两个指纹的模板进行比较，计算出它们的相似程度，最终得到两个指纹的匹配结果。

一般可以分成离线部分和在线部分。其中，离线部分包括用指纹采集仪采集指纹、提取细节点、将细节点保存到数据库中形成指纹模板库；在线部分包括用指纹采集仪采集指纹、提取细节点，然后将这些细节点与保存在数据库中的模板细节点进行匹配，判断输入细节点与模板细节点是否来自同一个手指的指纹。

（二）采集指纹图像的技术

因为用于测量的指纹仅是相当小的一片表皮，所以应有足够好的分辨率以获得指纹的细节。目前所用的指纹图像采集设备，基本上基于三种技术基础：光学技术、半导体硅技术、超声波技术。

1. 光学技术

借助光学技术采集指纹是历史最久远、使用最广泛的技术。将手指放在硬度接近10的光学镜片上，手指在内置光源照射下，棱镜将其投影投射在电荷耦合器件上，进而形成脊线呈黑色、谷线呈白色的数字化的、可被指纹设备处理的多灰度指纹图像。

基于光学技术的指纹采集设备有明显的优点：它已经过较长时间的应用考验，一定程度上能适应温度的变异，廉价等。其缺点：由于要求足够长的光程，因此要求足够大的尺寸，不过许多公司通过棱镜的多次反射在未缩短光程的前提下已将原有的高度缩小一半。

过分干燥和过分油腻的手指也将影响光学指纹产品的效果。一般情况下对于过干的手指用"婴儿油"润湿一下，就会显著提高指纹质量，而对过分油腻或湿润的手指则需要擦拭。

所以，有的公司为提升指纹采集效果，在指纹采集器表面再加贴一层塑料薄膜，但该种薄膜的寿命不够理想，软薄膜会堆积污垢，而且前一使用者残留在塑料膜上的指纹会对后一指纹采集造成轻度"干扰"，使图像质量下降。

2. 半导体硅技术

20世纪90年代后期，基于半导体硅电容效应的技术趋于成熟。硅传感器成为电容的一个极板，手指则是另一极板，利用手指纹线的脊和谷相对于平滑的挂传感器之间的电容差，形成8bit的灰度图像。

① 优点

电容采集头可以在较小的表面上获得质量与光学技术同样好，甚至质量比它更好的图像，在1cm×1.5cm的表面上获得200～300线的分辨率（较小的表面也导致成本的下降和能被集成到更小的设备中）。

② 缺点

电容采集头的缺点之一是容易受到干扰，从60Hz的电缆线的干扰到用户接触的干扰、指纹采集器内部的电干扰等。电容采集头的另一问题是可靠性不高，无论是静电干扰，还是汗液中的盐分、其他的脏物或者手指磨损都会导致采集头很难读取指纹。

3. 超声波技术

为克服光学技术设备和半导体硅技术设备的不足，一种新型的超声波指纹采集设备已经出现。其原理是利用超声波具有穿透材料的能力，且随材料的不同而产生不同的回波（超声波到达不同材质表面时，被吸收、穿透与反射的程度不同），因此，利用皮肤与空气对于声波阻抗的差异，就可以区分指纹脊与谷所在的位置。

超声波技术的特点如下：

① 所使用的超声波频率为104～109Hz。

② 超声波的能量被控制在对人体无损的程度（与医学诊断的强度相同）。

③ 分辨率与光学指纹采集设备相近。

④ 成本已降低到可接受的程度。

⑤ 超声波技术产品可以达到最好的精度，它对手指和平面的清洁程度

要求较低，但其采集时间会明显地长于前述两类产品。例如，有一款超声波产品的指纹登记时间长达8.12秒，其中扫描时间为4.6秒，处理时间为3.52秒。

（三）特征拾取

一旦一个高质量的图像被拾取后，需要许多步骤将它的特征转换到一个复合的模板中。这个过程，被称为特征拾取过程，它是手指扫描技术的核心。50个领先的手指扫描设备生产商中，每个生产商都有各自获得专利的特征拾取产品，这些厂家都共同坚持这种独特的算法。结果是众多生产厂家在某方面进行了多种研究后，得出的基本原理还是被那些采用其他识别技术的设备生产厂家所应用。

当一个高质量的图像被拾取后，它必须被转换成一个有用的格式。如果图像是灰度图像，相对较浅的部分会被删除，而相对较深的部分则变成了黑色。脊由5～8个像素被缩小到一个像素，这样就能精确定位脊断点和分岔了。

微小细节的图像便来自这个经过处理的图像。在这一点上，即便是十分精细的图像也存在着细节变形和错误细节，这些变形和错误细节都要被滤出。例如，一个算法可能在检索图像时剔除两个邻近细节中的一个细节，因为这两个细节太接近了，疤痕、汗液或灰尘导致的细节异常，算法对于这些情况是无能为力的。例如，一个分岔位于一个岛形痕之上（可能是错误细节）或者一个脊垂直穿过两到三个脊（可能是疤痕或灰尘），所有这些可能的细节都要在这个处理过程中被舍弃。

除细节的定位和夹角方法的应用以外，一些生产商也通过细节的类型和质量来划分细节。这种方法的好处在于检索的速度有了较大提高，一个显著、特定的细节，它的唯一性更容易使匹配成功。

大约80%应用生物识别技术的生产厂商以不同的方式来利用指纹图像细节。那些不使用指纹图像细节的生产商采用的方法是模式匹配方法，即通过推断一组特定脊的数据来处理指纹图像。录入过程中对这组脊的运用是对比的基础，并且识别需要找到和对比一个细节部分的相同区域。多种脊的利用降低了细节点的可信度，并会受到手指磨损的影响。通过模式匹配获得的指纹模板比通过指纹细节获得的模板大2～3倍，通常有900～1200个字节。

（四）指纹图像处理技术

指纹图像预处理主要是为特征值提取的有效性和准确性做准备。一般包括如下过程：

①指纹图像增强。其目的主要是减少噪音，增强脊谷对比度，使得图像

更加清晰真实，便于后续指纹特征值提取。指纹图像增强的方法较多，常见的如利用 8 域法计算方向场与设定合适的过滤阈值。处理时依据每个像素处脊的局部走向，会增强在同一方向脊的走向，并且在同一位置，减弱任何不同于脊的方向。

②指纹图像平滑处理。平滑处理是为了让整个图像取得均匀一致的明暗效果。平滑处理的过程是选取整个图像的像素与其周期灰阶差的均方值作为阈值来处理的。

③指纹图像二值化。在原始灰度图像中，各像素的灰度是不同的，并按一定的梯度分布。在实际处理中只需知道像素是不是脊线上的点，而无须知道它的灰度。所以每一个像素对脊线判定来讲，只是一个"是与不是"的二元问题。所以，指纹图像二值化是对每一个像素点按事先定义的阈值进行比较，大于阈值的，使其值等于 255（假定），小于阈值的，使其值等于 0。图像二值化后，不仅可以大大减少数据储存量，还可以使后面的判别过程少受干扰，大大简化了其后的处理。

④指纹图像细化处理。图像细化就是将脊的宽度降为单个像素的宽度，得到脊线的骨架图像的过程。这个过程进一步减少了图像数据量，清晰化了脊线形态，为之后的特征值提取做好了准备。由于我们所关心的不是纹线的粗细，而是纹线的有无，因此，在不破坏图像连通性的情况下必须去掉多余的信息。因而应先采用逐渐剥离的方法，使脊线成为只有一个像素宽的细线，这将非常有利于下一步的分析。

（五）验证和辨识

就应用方法而言，指纹识别技术可分为验证和辨识。

验证就是把一个现场采集到的指纹与一个已经登记的指纹进行一对一的对比，从而来确认身份的过程。指纹以一定的压缩格式存储，并与其姓名或其标识联系起来。随后在对比现场，先验证其标识，然后利用系统的指纹与现场采集的指纹对比来证明其标识是否是合法的。验证其实是回答了这样一个问题："他是他自称的这个人吗？"这是应用系统中使用得较多的方法。

辨识则是把现场采集到的指纹同指纹数据库中的指纹逐一对比，从中找出与现场指纹相匹配的指纹。这也叫"一对多匹配"，辨识其实是回答了这样一个问题："他是谁？"

（六）指纹识别算法

Gain Will 拥有具有完全自主知识产权的指纹识别算法，获得多项国家发明专利，在国际上具有领先地位。

指纹识别算法根据其实现原理，分为如下三种：

①基于细节点的指纹识别算法；

②基于全局纹线的指纹识别算法；

③基于图像相关性的指纹识别算法。

三种算法各有优势，满足了不同应用场合的需要。

Gain Will 算法具有如下特点：

①智能化。根据人类观察判别事物的习惯和思维方法，进行智能化图像处理。运用能自我积累学习的遗传经验方法忠实表达原指纹图像的特征，并将特征进行有效的分类和筛选，保证其区分性、稳定性、独立性等特点。

②体积小。其代码长度小于 48Kb，所需数据缓冲小于 16Kb，对系统内存的总需求小于 64Kb，是全球最精简的指纹识别算法。

③速度快。处理并验证一枚 64Kb 的指纹图像，只需要 60MIPS，可以在所有常见的处理器平台上轻松完成指纹识别。

④高度可移植化。全部用标准 C 语言实现，易于在不同平台上移植。目前，Gain Will 算法已经在 DSP、ARM 等嵌入式平台以及 Windows、Unix、Linux 等操作系统上得到广泛应用。

⑤支持多种指纹采集传感器。除了能完美地支持自主开发的光学传感器外，还广泛支持各类等半导体传感器。

三、指纹识别设备

（一）指纹设备类型

1. 指纹设备的主要类型

按是否连机划分，利用指纹识别技术的应用系统常见的有两种，即脱机的嵌入式系统和连接个人计算机的桌面应用系统。

嵌入式系统是一个相对独立的完整系统，它不需要连接其他设备或计算机就可以独立完成其设计的功能，像指纹门锁、指纹考勤终端就是嵌入式系统。其功能较为单一，应用于完成特定的功能。而连接个人计算机的桌面应用系统具有灵活的系统结构，并且支持多个系统共享指纹识别设备，可以建立大型的数据库应用。当然，该系统由于需要连接计算机才能完成指纹识别的功能，限制了其在许多方面的应用。

当今市场上的指纹识别系统厂商，除了提供完整的指纹识别应用系统及其解决方案外，还提供 OEM 产品以及完整的指纹识别软件开发包，从而使得无论是系统集成商还是应用系统开发商都可以自行开发自己的增值产品，包括嵌入式的系统和其他应用指纹验证的计算机软件。

应用场合的不同，造成技术路线的差异。在所针对的应用不涉及 IC 卡的情况下，单一的指纹认证设备与任选的显示控制装置配合即足以完成独立的功能。

在所针对的应用涉及 IC 卡的情况下，除了完整的指纹认证设备外，至少还需要相应的 IC 卡或 "IC 卡 + 磁卡读写机具"。

所以，一般将数字指纹设备分为三大类：无 IC 卡、有 IC 卡、复合磁卡读写。

就 IC 卡的数字指纹设备而言，其结构由两部分组成：指纹认证部分与 IC 卡读写部分。

计算机系统（或处理 + 显示单板机环境）各组成部分的介绍如下：

①指纹传感器：光电转换式或电容感应式微型芯片。

② CPU：高速 16 位通用微处理器。

③数字信号处理器（DSP）：高速 32 位专用于数字图像处理的数字信号处理芯片，具有 16 位的并行处理单元，处理速度达 480MIPS，支持快速数据迁移，支持 ANSI C 语言，有很强的定点、浮点计算能力，能满足数字滤波的需要。

④数据存储器：32 位高速同步动态存取存储器。

⑤程序存储器：可改写型只读存储器——EEPROM，其中存储了处理单个活体指纹信息所需的全部程序代码。

⑥电源电路：由于指纹认证部分可以单独存在，所以设计了相应的电源电路。

⑦通信接口：它既是将指纹传感器所采录的活体数字指纹传送到 DSP 的通道，又是将经过处理表征该活体指纹特征的数字生物信息——向外传送的通道。

2. 指纹传感器

指纹传感器是实现指纹自动采集的关键器件。最早的指纹识别技术是以光学传感器为基础的光学识别系统，识别范围仅限于皮肤的表层，通常把它叫作第一代指纹识别技术，而采用了电容传感器技术的第二代指纹识别系统实现了识别范围从表皮到真皮的转换，从而大大提高了识别的准确率和系统的安全性，也是目前市场上大部分指纹识别设备的基础。

（1）第一代指纹识别系统（光学传感器）

始于 1971 年的光学传感器是研究最早、应用最广泛的指纹传感器。其技术关键是光的全反射，手指置于加膜台板（一般是硬质塑料，不同厂家材料有异），光线照射到压有指纹的玻璃表面时，反射光经电荷耦合器件转换为相应电信号，系统对其做进一步处理。其中，反射光的强度取决于两方面因素：压在玻璃表面指纹的脊和谷的深度、皮肤与玻璃间的油脂和水分。由于光线经玻璃照射到谷的区域后在玻璃与空气的界面发生全反射，光线被反射到电荷耦合器件，而射向脊的光线被脊与玻璃的接触面吸收或者漫反射到其他地方，因此，可以利用电荷耦合器件将由深色脊和浅色谷构成的指纹图像转换成数字信号。当然，为获得较高质量的指纹图像，还需采用自动或手工方式调整图像亮度等。

光学指纹传感器的优点主要表现为抗静电能力强、系统稳定性较好、使用寿命长，能提供分辨率为500DPI的图像，特别是能实现较大区域的指纹图像采集，但指纹图像采集区域较大时所需焦距宜较长，采集设备体积需随之增大，否则，会导致采集的图像边缘发生扭曲。

光学指纹传感器的局限性体现于潜在指印方面（潜在指印是手指在台板上按完后留下的），不仅会降低指纹图像的质量，严重时，还可能导致两个指印重叠，显然，难以满足实际应用需要。此外，台板涂层及电荷耦合器件阵列会随时间推移产生损耗，可能导致采集的指纹图像质量下降。另外，还存在无法进行活体指纹鉴别、对干湿手指的适用性差等缺点。

由于光不能穿透皮表层（死性皮肤层），因此光学指纹识别系统只能够扫描手指皮肤的表面，或者扫描死性皮肤层，但不能深入真皮层。在这种情况下，手指表面的干净程度直接影响识别的效果。如果用户手指上粘了较多的灰尘，可能就会出现识别出错的情况。并且，如果人们按照手指做一个指纹手模，也可能"骗"过识别系统，对于用户而言，使用起来不是很安全和稳定。

光学传感器中存在棱镜，其体积较大，一般为半导体的几倍甚至上10倍，所以限制了其在小型设备上的应用。在类似考勤机、门禁等大设备上使用没有体积限制的问题，但在U盘、移动硬盘、手持设备上使用，体积就成了最大的障碍。

成本低一直以来被认为是光学传感器的最大优势，但由于其制造过程的一致性较难保证，随着以电容传感器为代表的半导体传感器的大规模发展，光学传感器的成本优势也已经不再明显。

（2）第二代指纹识别系统（电容传感器）

电容传感器始于1998年，属于半导体传感器的一种，半导体指纹传感器还包括半导体压感式传感器、半导体温度感应传感器等，其中，应用最广泛的是半导体电容式指纹传感器。

电容传感器根据指纹的脊和谷与半导体电容感应颗粒形成的电容值大小

不同,来判断什么位置是脊什么位置是谷。其工作过程是通过对每个像素点上的电容感应颗粒预先充电到某一参考电压,当手指接触到半导体电容指纹表面上时,因为脊是凸起的,谷是凹下的,根据电容值与距离的关系,会在脊和谷的地方形成不同的电容值,然后利用放电电流进行放电。因为脊和谷对应的电容值不同,所以其放电的速度也不同。脊下的像素(电容量高)放电较慢,而处于谷下的像素(电容量低)放电较快。根据放电率的不同,可以探测脊和谷的位置,从而形成指纹图像数据。

与光学设备多采用人工调整改善图像质量不同,电容传感器采用自动控制技术调节指纹图像像素以及指纹局部范围的敏感程度,在不同环境下结合反馈信息生成高质量图像。由于具备局部调整能力,即使对比度差的图像(如手指压得较轻的区域)也能被有效检测到,并在捕捉瞬间为这些像素提高灵敏度,生成高质量指纹图像。

电容指纹传感器的优点为图像质量较好、尺寸较小、易集成于各种设备。其发出的电子信号将穿过手指的表面和死性皮肤层,而达到手指皮肤的活体层(真皮层),直接读取指纹图案,从而大大提高了系统的安全性。

电容指纹传感器因制造工艺复杂,单位面积上传感单元多,包含高端的IC设计技术、大规模集成电路制造技术、芯片封装技术等,所以几乎是由IC技术发达的国家或地区,如美国、欧洲等设计、制造的。

各厂商可能采用不同形式的电容方法开发产品,技术新颖且先进的首推瑞典某公司推出的一款电容式面装指纹传感器。该传感器采用了多项专利,如独立的晶圆体信号放大、传感器表面的保护膜等。内部具有A/D转换器和高速SPI接口,8PIN的软排线可以方便地接入各种系统。该技术能适应各种复杂指纹,并能在各种环境下获得从干手指到湿手指的高质量指纹图像,从而显著降低指纹识别系统的误识率、拒识率。

随着指纹识别技术的不断发展,质量高、功耗低、体积小的电容传感器作为极其重要的指纹图像采集手段,应用日益广泛,其市场规模以惊人速度飞速拓展。2003年11月,美国发布的指纹传感器市场调查结果表明:目前,受电容传感器技术进步和价格下降等因素的影响,在面向身份认证的指纹传感器中,电容传感器的份额将逐渐增加,成为指纹采集技术的主流。

(二)指纹采集芯片

目前市场上已能提供快速的光电转换或电容感应式指纹采集芯片。使用时只要把手指压到芯片上,芯片就能检验出这个人指纹上特有的凹凸图像,并且通过感应器将这种指纹信息传输给相应的程序进行处理。该电子图形经过滤波和基于指纹纹理的生物测量技术形成表征该活体指纹的特征信息,简称为生物代码,对两个生物代码进行比对,可以得到"是"或"不是"的结论,对三个生物代码进行比对,可以得到哪两个指纹最形似的结论。由于生物测量技术的技术性突破,一活体指纹的生物代码仅需 200～400BIT,完全在智能卡的储存范围内。计算机芯片处理能力的提高,使有效设计的计算机设备从采集活体指纹到完成比对仅需 1～2s,从而为完整地保障持卡人的合法权益提供了可能。

(三)指纹识别模块

1. 刮擦式指纹识别模块

刮擦式指纹识别模块的技术特点:①永无指纹残留(更安全);②在生物特征身份认证技术背景下,建立了嵌入式指纹识别技术;③将滑动采集技术与指纹识别技术组合制成嵌入式指纹模块,采用了指纹图像的区域相关重构技术,自适应增强,建立了嵌入式指纹数据库,并使用了数据加密技术,使整个模块更灵敏、可靠;④体积小,成本低,功耗低,速度快,适用于处理包括干、湿、脏、蜕皮、刀痕等各种手指,广泛适用于不同年龄、性别、职业的手指;⑤采用独特的指纹旋转滑动纠正技术,在采集过程中,即使手指有一定的旋转,也能自动纠正并正确拼接出指纹图像。

刮擦式指纹识别模块主要用于指纹鼠标、指纹 U 盘等对体积要求小的设备上,因其成像效果不好,建议不要用在考勤、门禁、锁等设备上。

2. D801E 指纹识别模块

D801E 指纹识别模块的技术特点:①先进的指纹识别算法;②用户可分多级权限管理;③实时事件记录;④低电压报警功能;⑤采用微功耗设计,适于电池供电;⑥主板低频设计,抗外部电磁干扰;⑦自带韦根接口,可直接驱动门禁机;⑧带扩展卡槽,利于功能扩展,如液晶接口、键盘接口、射频卡接口等。

(四)光学指纹采集与传感器指纹采集技术比较

光学取像设备的历史可以追溯到 1971 年。光学取像设备依据的原理是光的全反射。光线照到压有指纹的玻璃表面,反射光线由电荷耦合器件获得,反射光的量依赖于压在玻璃表面指纹的脊和谷的深度和皮肤与玻璃间的油脂和水分。光线经玻璃射到谷的地方后在玻璃与空气的界面发生全反射,光线被反射到电荷耦合器件,而射向脊的光线不发生全反射,而是被脊与玻璃的接触面吸收或者漫反射到别的地方,这样就在电荷耦合器件上形成了指纹的图像。

随着光学设备技术的革新，光学指纹采集设备体积也不断减小。这些进展取决于多种光学技术的发展而不是全反射的发展。例如，可以利用纤维光束来获取指纹图像。纤维光束垂直射到指纹的表面，照亮指纹并探测反射光。另一个方案是把含有一微型三棱镜矩阵的表面安装在弹性的平面上，当手指压在此表面上时，脊和谷由于压力不同而改变了微型三棱镜的表面，这些变化通过三棱镜光的反射而反映出来。

晶体传感器是 1998 年才在市场上出现的。这些含有微型晶体的平面通过多种技术来绘制指纹图像。最常见的硅电容传感器通过电子度量被设计来捕捉指纹。在半导体金属阵列上能结合大约 100000 个电容传感器，其外面是绝缘的表面，当用户的手指放在上面时，皮肤组成了电容阵列的另一面。电容器的电容值随导体间距离的改变而改变，这里指的是脊（近的）和谷（远的）相对于另一极之间的距离。另一种晶体传感器是压感式的，其表面的顶层是具有弹性的压感介质材料，它们依照指纹的外表地形（凹凸）转化为相应的电子信号。

（五）指纹识别及其与传感器技术发展的联系

自动指纹识别系统技术的进步和指纹传感器技术的发展密切相关。过去的指纹传感器都是基于光学技术的传感器，这种传感器结构复杂、价格昂贵、体积庞大。因此造成实际系统价格非常昂贵，所以过去指纹识别系统仅仅在公安、银行等特殊部门内应用。随着光电技术的发展，光学传感器的价格和体积也开始大幅下降，自动指纹识别系统也开始进入普通的民用领域。

20 世纪 90 年代中期开始出现半导体指纹传感器。最初的这类传感器采集的图像质量和光学传感器采集的有较大的差距，但是随着半导体技术的进步，它采集的图像质量也越来越高，现在这两种传感器采集的图像质量差距已经很小了。半导体传感器具有价格低、体积小的优点，特别适合集成在普通的消费类电子产品中，大有后来居上、取代光学传感器的趋势。

指纹识别算法是自动指纹识别系统的核心技术，这方面的研究早在 19 世纪初就开始了，但这方面的深入研究是从 20 世纪 60 年代后随着计算机技术的引入才开展起来的。

不过，早期的研究都是在高性能计算机上完成的，主要针对脱机的指纹图像进行研究。随着技术的发展，20 世纪 80 年代到 90 年代初才开始对联机的活体指纹识别算法进行研究，这个时期所做的研究都是针对光学传感器的，由于这时候自动指纹识别系统只在特殊的行业部门使用，往往使用价格比较昂贵的 DSP 等硬件附加设备来解决指纹识别的实时性问题。20 世纪 90 年代末到现在，半导体指纹传感器的出现，使得指纹识别的应用领域迅速扩大，个人电脑、个人数字助理、掌上电脑、手机等很多领域都开始使用，所以指纹算法的研究重点从光学传感器转移到了半导体传感器，对算法的性能也提出了更高的要求。指纹虽然稳定性很好，但是仍然存在蜕皮等问题，这就给算法性能带来了极大的挑战。

现在国内外指纹识别基本上都采用基于细节点特征的指纹识别技术，从研究角度来说，国内外的差距并不明显。但是国内对于自动指纹识别系统主要侧重于研究角度，很长一段时间没有在实际应用中实践，所以这些技术和实际的市场需求还有不少差距。而实际从事指纹应用的公司没有自己的技术，绝大多数都使用国外的指纹识别算法。

（六）指纹传感器的选择

指纹传感器是指纹采集设备的核心器件。如何在产品设计中做好传感器的选型是产品开发重要的一环。指纹传感器是指纹图像的自动采集和生成部分，是指纹识别产品的数据输入端。绝大多数指纹传感器通过光学扫描、半导体热敏、半导体电容等三种主要传感技术采集指纹图像。衡量一个指纹传感器的性能好坏，主要看以下几个方面：

1. 成像质量

指纹传感器成像质量是衡量指纹传感器性能的首要指标。成像质量主要表现在指纹图像的还原能力和去噪能力两个方面。性能良好的指纹传感器产生的图像"形变"非常小，后续图像处理时可以忽略不计。分辨率是影响成像质量的另一个关键因素。分辨率越高，单位面积上传感单元越多，其获得的指纹图像就越细致真实。

2. 对不同类型手指的适应能力

不同手指指纹的纹路深浅不同，干湿度不同，污渍程度不同，老化程度不同。指纹传感器对所有这些情况的有效兼容程度，是其适应能力的表现。当然不是所有指纹传感器都能对这些类型的手指做到"一网打尽式"的兼容，在选择指纹传感器时，需要针对应用场合的不同来选择。

3. 对气候环境的适应性

有的指纹传感器对潮湿和干燥的天气不能同时适应。尤其在中国，地域宽广，各地气候相差较大。在这种情况下，选择指纹传感器需要关注环境湿度和抗静电能力，即 ESD 参数。ESD 一般分为四个等级，第四级要达到 15kV 以上。在南方湿度大的环境中使用时，需要关注其相对湿度方面的参数，确保指纹传感器可以正常工作。

4. 图像采集速度

采集速度是指单位时间内可以采集的指纹次数。指纹采集速度的快慢直接影响到用户的使用。

5. 电气特性

电气特性是从产品化的角度考虑指纹传感器是否真正可用于某种产品。电气特性主要关注工作电压和功耗两个参数。如把指纹传感器应用到手机上，必然要考虑手机的现有供电方式能否满足增加了指纹传感器后的电压和功耗的要求。大部分指纹传感器的电压都在 3.6V 以下。

6. 硬件接口能力

硬件接口能力也是从产品化的角度来衡量指纹传感器的。硬件接口能力直接影响指纹图像数据的传送方式，影响着与指纹处理模块之间的通信方式和通信速度。目前 USB 接口已经成为外设与主机通信的最主要方式，已具备 USB 接口能力的指纹传感器，可以直接与 USB 端口相连。而没有 USB 接口的，就需要通过 USB 控制器来实现，给产品化增加了一道技术门槛。

7. 应用程序接口能力

应用程序接口能力用于描述指纹传感器的功能，也就是与指纹传感器配套使用的程序接口的功能。一般在这些接口中定义了上层应用如何启动或终止指纹传感器，以及如何控制指纹传感器的数据传输，包括发送指纹传感器初始化命令，要求指纹传感器开始或停止捕获指纹图像，以及询问手指是否在采集设备表面，甚至可以驱动指纹传感器判断待扫描物体是否为指纹。对于滑动式指纹采集芯片来讲，还包括指纹重构（拼接）的命令接口等。当指纹传感器用于嵌入式产品开发时，嵌入式开发包的能力是考查指纹传感器能力的重要方面之一。

8. 使用寿命

在考查指纹传感器使用寿命时，一是从器件本身的衰变考虑，二是从指纹采集面的防磨损防腐蚀能力考虑。一般的光学采集传感器表面比较怕磨损刮擦，而半导体指纹传感器的表面都有坚固的涂层，能保护芯片避免被划伤。部分半导体指纹传感器表面可以用手指正常刮擦 1000 万次以上。对于需要经常在室外使用的指纹传感器，防腐蚀性能也是需要重点考虑的。

四、指纹识别技术的应用案例

（一）指纹识别技术在办公中的身份认证

1. 方案背景

在网络时代里，企业的管理重点已从物流、资金流逐渐向信息流跨越，信息流更多地体现为电子文档，它的交互性能有效提高办公的效率，而"办公"实际上又是通过单位内部人与人、人与部门、部门与部门之间信息的收集、组织、共享、传播等行为的协调来实现单位整体目标的过程。因此，实现办公自动化正是控制管理信息流的直接手段，办公自动化能够帮助我们对信息流进行科学合理的控制，提高办公效率。所以办公自动化是管理信息系统的基础。总而言之，办公自动化无论是在企业信息化还是电子政务中都起着举足轻重的作用，它已经成为应用系统的核心。因此，安全的办公自动化系统已经得到越来越多的重视。

为确保唯有授权者和特许用户才能访问和交换干净的数据，许多公司部署了防火墙、入侵检测方案和防病毒软件。但是调查表明，只有20%的数据破坏由公司外部人所为。这等于说即便充分利用现有技术也只能解决1/5的安全问题。这些解决方案并不能消除来自内部授权用户的安全隐患。

如何保证办公自动化系统的安全呢？就目前来说，在办公自动化系统中，主要存在假冒身份，进行违法操作，非法访问进行窃密等问题。而形成的原因则是在目前的办公自动化系统中，绝大部分权限和访问控制方案采用的是传统"用户名＋密码"的方式，容易被遗忘、代替、破解等都是此种方式的弱点。

针对办公自动化系统存在的问题，我们引入了生物识别技术。在众多的用于身份验证的生物识别技术中，指纹识别技术是目前最方便、可靠、便宜和非侵害的解决方案，有着很大的潜力。指纹识别作为识别技术有着悠久的历史，按照一般人的看法，指纹识别技术通过分析指纹的全局特征和局部特征来确认一个人的身份。平均每个指纹都有几个独一无二可测量的特征点，每个特征点都有大约七个特征，十个手指可以产生最少4900个独立可测量的特征——这足够来确认指纹识别是否为一个更加可靠的鉴别方式。

如果我们想要增加可靠性，我们只需登记更多的指纹，鉴别更多的手指，最多可以多达十个，而每一个指纹都是独一无二的；读取指纹时，用户必须将手指与指纹采集头接触，与指纹采集头直接接触是读取人体生物特征最可靠的方法。这也是指纹识别技术能够占领大部分市场的一个主要原因。

指纹的唯一性（不同手指的指纹不同）和不变性（同一手指的指纹终身

不变）已被公认，指纹可作为法律认定身份的依据，与信息系统的嵌入结合，有效地杜绝了人为因素造成的系统漏洞，保证了在办公自动化系统中，权限与访问控制的安全。同时也避免了密码容易被遗忘、密码要经常更换所带来的不便，充分体现了指纹识别技术开放、安全、唯一的特点。

2. 方案描述

针对现在政府及企业中办公自动化系统存在的安全问题，采用了以指纹识别技术这一生物识别技术为核心的新一代网络身份识别安全解决方案——"指纹身份认证平台"，它克服了原有传统识别技术中存在的不安全性和操作复杂性等问题，极大提高了办公自动化系统的安全防范能力和实际工作效率。

（1）先进的指纹识别技术

原有政府及企业的办公自动化系统多是采用"用户口令＋密码"方式或使用单独的"IC卡"以及其他身份认证方式。对于"用户口令＋密码"方式，要保证这种登录方式的安全性的前提是要生成高质量的口令，否则容易被破译，而高质量的口令常常是无意义的字符串，这给口令的记忆和保管增加了难度；使用IC卡登录方式，IC卡必须随身携带，同时也给用户带来了不便，用户常常担心IC卡遗失、被盗或被伪造。对用户来说，这两种使用方式实在不方便，而亚略特TrustLink身份安全认证平台将人体指纹作为系统标识，大大方便了用户对系统的使用，不仅安全可靠，还简单易行。

亚略特TrustLink身份安全认证平台将在技术上还采用了指纹特征档加密传输方式，确保了指纹采集传输的可靠性。应用双重的保护机制，可以保证指纹特征资料及时安全地在网络间传输。还将所有存在数据库内的指纹资料，都以对比档方式存储，而不是存储指纹本身的特征档。即使是客户内部系统人员窃取了数据库内的指纹资料，也无法利用此资料进行指纹认证，保证了用户身份的"内外一致"，因此，对于政府及企业的系统来说，它不仅在使用操作上减少了使用者的不便，还对系统的整体安全性进行了更好的改善。

（2）完善的安全架

整个身份认证环节，均采用了相应的安全措施，保障了用户指纹信息的绝对安全。

指纹识别系统在指纹采集和传输过程中，采用多重保护和加密措施保障用户指纹信息不会被黑客窃取或盗用。采用的措施如下：①指纹防盗功能，同一枚指纹不能二次认证；②传输加密机制；③时间戳记安全机制；④非特征档传输机制。

与传统认证方式的存储环节相比较，"指纹身份认证平台"改善了大量安全机制，用户将不用担心自己的身份信息会被拥有超级权限的内部人士盗用和冒用。其改善如下：①多重保护加密机制；②数据库稽查机制；③锁存储机制。

（3）领先的组件化设计

产品设计趋于组件化，提供全功能组件，方便用户在最短的时间内完成与既有系统的无缝集成，能够有效降低系统开发成本，同时用户不用考虑未来升级及维护的问题。

同时"指纹身份认证平台"本身还具有高度的开放性和整合性：支持多种开发语言，如 VC、VB、JAVA 等；支持 C/S、B/S 网络架构，在所有的产品应用和整合过程中，用户根据提供的任何语言的整合示例代码，简单粘贴，就可完成指纹识别强大功能的整合动作，而无须变动用户既有系统的任何重要资源，大大减轻了用户的开发负担，把成本降到了最低。

（二）指纹识别技术在中国银行柜员身份认证中的应用

1. 概述

随着我国金融事业的迅猛发展，各银行业务蒸蒸日上。但是至今为止，银行系统依然沿用通过用户 ID 和操作密码的方式进行柜员、主管授权以及其他人员的身份认证和访问控制。实际上，这种方案隐含着如下一些问题。

①密码易被忘记。如果操作人员忘记了密码，就不能进行身份认证，当然也可以通过系统管理员重新设定密码来重新开始工作，但是一旦系统管理员忘记了自己的密码，也许整个系统只有重新安装后才能工作。

②密码易被盗取。实际上，密码的盗取比较容易，别人只要留意操作者在键盘前输入口令时的击键动作，就可以知道密码，而密码被盗是一件非常可怕的事情，冒名作案、窃取机密等事件难以追踪。

③修改密码，增加了操作人员的记忆负担，也增加了忘记密码的可能性。尽管现行系统通过要求操作人员及时改变他们的密码来防止盗用密码行为，但这种方法不但增加了操作人员的记忆负担，而且增加了忘记密码的可能性，无法从根本上解决问题。

这些问题使银行的系统存在很大的安全漏洞，后果不堪设想。近年来，工作人员通过盗用他人密码、伪装身份访问超过自身权限的系统，来非法窃取和挪用资金的案件层出不穷。

考虑到安全性和事后稽核，银行综合业务系统都要求柜员在进行业务操作之前必须进行签到和身份认证，并且针对不同等级的柜员，对其操作权限的限定也各不相同，柜员在进行高权限要求交易时必须经过上级主管授权，同时银行还严格要求柜员在离开台面前（包括临时离开）必须做签退操作。这样的规定提高了系统的安全性，但频繁签到、签退的密码输入却增加了密码失窃的概率，同时还增加了柜员操作的复杂度。由于敲入密码操作的烦琐，许多柜员在临时离柜时不愿意签退终端。

部分银行考虑到键盘敲入密码容易导致密码泄露及操作较烦琐，将ID和密码均写入磁卡或IC卡，让柜员通过刷卡进行签到认证。而采取刷卡方式进行身份认证，虽能消除键盘敲入密码方式的密码容易泄露及操作较为烦琐的痼疾，但又存在卡易遗失和不易管理的新问题。同时，磁卡容易被仿造，而IC卡虽然较难仿造，但其最大缺陷是系统无法辨别操作者所刷卡是否属于他自己，容易被人盗用。有些操作人员为了贪图方便，常常把自己身份认证用的磁卡或IC卡交由他人，由他人代为操作，这种违规行为给银行业务系统带来了极大的安全隐患，也给管理带来了极大的混乱。

如何加强银行内部的人员管理和安全控制，消除现行银行系统这一方面的安全隐患，减少内部人员金融犯罪的发生，完善安全管理工作，这是每个银行都迫切需要解决的问题。同时，随着社会的进步和技术的发展，人们对身份识别的可靠性和准确性要求越来越高，传统的密码身份识别方法，由于其不可克服的缺点，已难以满足新形势的需要。

为解决上述问题，针对银行业务系统的柜员身份认证提出了一套基于指纹采集比对设备的指纹身份认证系统，充分考虑了简单、经济、高效、独立、适应性强、方便扩充等各方面的要求，提供了多种身份认证模式，可满足不同银行各种业务系统的柜员认证需求。采用基于指纹身份认证系统建立的银行柜员身份认证系统能完全解决现有柜员认证模式的缺陷。采用指纹替代密码，不但免去了记密码的麻烦，而且消除了密码易泄露的隐患，同时也省去了柜员敲入密码的烦琐。

2. 主要实现方式

考虑到不同银行的不同需求，提供了多种实现方式。

（1）前台比对仿真方式

在此方式下，银行需在有人事管理权限的分、支行配置柜员指纹IC卡发卡系统，另需在网点柜员终端端末添加指纹采集比对设备。而对于银行的业务系统则不需做任何改动，系统的柜员认证仍采用原有的ID加密码或刷卡的身份认证方式。柜员上岗前需通过指纹IC卡发卡系统采集指纹，生成柜员指纹IC卡。IC卡上加密保存着柜员的指纹特征码、IC卡编号、柜员ID号和密码。此种指纹存储方式采用分散存储的模式。

在系统进行柜员身份认证时，柜员不用输入密码或刷磁卡，而是将柜员

IC卡插入指纹采集比对设备的IC卡插槽,然后按下手指进行指纹录入。指纹采集比对设备首先将IC卡上的数据读入并进行解密还原,同时将从指纹采集模块读入的指纹数据与IC卡上解密还原的指纹特征码进行对比验证。若指纹对比验证成功则将IC卡上解密还原的柜员ID和密码仿真为键盘或磁条读写器的信息传给终端,通过原有的系统完成身份认证。

采取这种方式的最大优点是银行方面不需对原有系统做任何改动,只需在终端前增加指纹采集比对设备即可,实施非常简单方便,投资也最少。但采用这种方式存在着兼容性差、管理不便、功能固定、应用不能扩展和可采用其他设备仿真的缺陷,同时IC卡还存在丢失或被解密仿制的可能。

(2)前台比对独立方式

在此方式下,银行需在有人事管理权限的分、支行配置柜员指纹IC卡发卡系统,另需在网点柜员终端端末添加指纹采集比对设备。而对于银行的业务系统则需对终端程序稍做改动,需增加指纹认证的柜员认证方式。柜员上岗前需通过指纹IC卡发卡系统采集指纹,生成柜员指纹IC卡。IC卡上加密保存着柜员的指纹特征码、IC卡编号和柜员ID号。此种指纹存储方式多采用分散存储的模式。

在系统进行柜员认证时,选择通过指纹进行认证。在进行柜员身份认证时,柜员输入ID、插入IC卡,并按下手指进行指纹录入。指纹采集比对设备首先从终端接收柜员ID号,同时将IC卡上的数据读入并进行解密还原;然后将从终端接收的ID与IC卡上解密还原的ID以及从指纹采集模块读入的指纹数据与IC卡上解密还原的指纹特征码进行对比验证;最后将验证结果发送回柜员终端,完成柜员身份认证和权限管理的流程。

采取这种方式的最大优点是银行方面对原有系统的改动非常小,只牵涉终端的柜员认证部分,对主机系统不需做任何改动。同时,银行业务系统的身份认证已采用指纹身份认证方式,它消除了方式一的可采用其他设备仿真的缺陷。但由于IC卡的使用,还存在IC卡可能丢失、被解密仿制的缺陷,且系统功能固定,兼容性差,不易扩展,管理不方便。

在此方式下,若指纹存储方式采用集中存储的模式,则不需使用IC卡,指纹模板数据保存在指纹数据库中。进行柜员认证时,系统先将数据库中该柜员的指纹模板数据下传到指纹采集比对设备,指纹采集比对设备将其与采集模块录入的指纹特征值进行比对验证,然后将验证结果发送回柜员终端,完成柜员身份认证和权限管理的流程。这免去了IC卡丢失、被解密仿制的可能,同时一定程度上提高了系统的兼容性,柜员和指纹数据的管理较为方便,但增加了柜员认证的时间和网络的数据流量。

(3) 后台比对前置机方式

在此方式下,银行需在有人事管理权限的分、支行配置一台指纹身份认证管理前置机运行指纹身份认证管理系统。考虑到节省投资和方便管理,也可共用银行原有其他中间业务系统的前置机。指纹身份认证管理系统主要负责银行柜员身份、权限的管理以及指纹的采集、保存和管理。同时,还需在网点柜员终端端末添加指纹采集比对设备。对于银行的业务系统则需做调整改动,系统将与指纹身份认证管理系统建立连接,柜员认证将由指纹身份认证管理系统完成,而不采取传统的 ID 加密码的身份认证方式。银行柜员在上岗前需通过指纹身份认证管理系统采集指纹数据,生成柜员指纹模板并保存在指纹身份认证管理系统的指纹数据库中。

在系统进行柜员身份认证时,柜员不用输入密码或刷卡,而是输入柜员 ID 后,直接按下手指进行指纹录入。指纹采集比对设备将从指纹采集模块读入的指纹数据上传到指纹身份认证管理前置机,指纹身份认证管理系统将上传指纹数据与柜员保存在指纹数据库中的指纹模板进行比对验证,然后将结果传送到银行综合业务系统主机,完成柜员身份认证和权限管理的流程。

指纹身份认证系统对柜员指纹模板的采集录入可以集中在分、支行的中心进行,也可以通过中心授权,由网点主管在网点终端操作进行柜员指纹模板采集录入。采集的指纹模板数据均保存在指纹身份认证管理前置机的指纹数据库中。

采取这种方式,因不使用 IC 卡,消除了 IC 卡可能丢失和被解密仿制的缺陷。由于在中心前置机上进行指纹模板的统一管理和进行指纹认证比对,系统的安全性将得到更高的保障。同时,指纹模板采集方式的灵活性,使得新柜员不用集中到中心进行指纹模板的录入,并且方便了系统应用的扩展,如可以方便推广到储户利用指纹替代密码进行存取款的业务等。

除了上述优点外,采用该方法也存在一些缺点,首先是需对银行原业务系统进行改动,除了终端系统要进行相应变动外,主机系统也要做修改,需建立主机系统与指纹身份认证管理系统的接口和增加对应的处理程序。其次,由于指纹身份认证管理系统与银行业务系统是分离独立运行的,这样虽然对原有业务系统的改动最小,但在进行新业务应用时均需对系统重新进行修改,推广使用不太方便。再次,柜员指纹模板保存在分、支行各自的前置机上,虽然这比前两种方式较易对柜员进行管理,但仍无法对其实现跨分、支行的统一管理。最后,系统兼容性较差,在多家产品同时使用时,同一柜员必须保存适合各个厂家的指纹模板,系统还要安装各个厂家的驱动以及各个厂家的指纹识别算法。系统非常复杂,改动非常大。

在此方式下，若将指纹比对工作交由指纹采集比对设备完成，则在采用网点录入指纹模板时，采用多家厂家产品的系统将大大简化。其柜员认证流程：系统先将数据库中该柜员的指纹模板数据下传到指纹采集比对设备，指纹采集比对设备将其与采集模块录入的指纹特征值进行比对验证，然后将验证结果发送回柜员终端，完成柜员身份认证和权限管理的流程。这样虽然改善了系统的兼容性，但增加了柜员认证的时间和网络的数据流量，降低了系统的安全性。

（4）后台比对主机方式

在此方式下，银行需对业务系统进行改动，将指纹认证管理系统嵌入银行原业务系统中，运行在银行业务主机系统上，而柜员指纹模板则保存在业务系统的原有数据库中。硬件方面，不需另外配置前置机，只需在网点柜员终端端末添加指纹采集比对设备。银行柜员在上岗前需通过业务系统指纹身份认证管理模块采集指纹数据，生成柜员指纹模板并保存在数据库中。

在系统进行身份认证时，操作人员（可以是银行柜员、主管，也可以是银行储户）不用刷卡或输入密码，而是输入ID号，同时直接按下手指进行指纹录入。指纹采集比对设备将从指纹采集模块读入的指纹数据通过网点终端，经银行业务网络上传到主机系统，银行业务系统指纹身份认证模块将上传指纹数据与保存在数据库中的指纹模板进行比对验证，完成相应的身份认证和权限管理的流程。

同样，对操作人员的指纹模板的采集录入可以集中在分、支行的中心进行，也可以通过中心授权，由网点主管在网点终端操作进行操作人员的指纹模板采集录入。采集的指纹模板数据均保存在中心的数据库中。

采取这种方式，除了具有方式三的各种优点外，其最大的特点是，系统可以方便实现全部操作人员指纹的统一管理和维护，有利于指纹身份认证系统在银行其他业务中的推广。但是，采用这种方式，对银行原有业务系统的改动是最大的，且改动后系统的升级更新工作将非常庞大和烦琐。同样，系统的兼容性较差，在多家产品同时使用时，系统将变得非常复杂。可以采用将指纹比对工作交由指纹采集比对设备完成的方式来改善系统的兼容性，但会增加柜员认证的时间和网络的数据流量，降低系统的安全性。

（5）移动指纹令牌方式

在此方式下，银行无须对业务系统进行改动，只需将移动指纹令牌主机端加密算法函数库嵌入银行原业务系统中，运行在银行业务主机系统上即可。另外还需建立一套令牌发放管理系统，负责为每位有权限的银行职员生成和发放柜员令牌。令牌不仅包含了ID等柜员信息，还包含一个与主机对应的加密算法函数库。同时，令牌上安装了指纹采集比对模块，柜员在使用令牌时必须通过指纹验证才能调用加密算法函数进行校验码计算。

在系统进行身份认证时，操作人员（可以是银行柜员、主管，也可以是银行储户）不用刷卡或输入密码，而是通过主机获取校验码，柜员将校验码输入移动令牌并录入指纹，指纹验证通过后系统会对校验码进行加密函数计算并显示计算结果，柜员将结果输入终端与主机计算的校验结果对比，完成相应的身份认证和权限管理的流程。

采取这种方式，其最大的特点是，身份验证设备与银行业务系统无物理连接，通过移动验证设备实现，这非常适合银行集中授权管理的应用。

第二节 面相识别技术及其应用

面相识别是一门崭新的科学技术，在国家安全、军事安全和公安、司法、民政、金融、民航、海关、边境口岸、保险等领域具有极广阔的应用前景。如公安布控，监狱监控，司法认证，民航安检，口岸出入控制，海关身份验证，银行密押，智能身份证，智能门禁，智能视频监控，智能出入控制，司机驾照验证，各类银行卡、金融卡、信用卡、储蓄卡等持卡人的身份验证，社会保险身份验证等。

一、面相识别技术简介

（一）面相识别技术的发展

面相识别由来已久，可以认为它和计算机图像学是并行发展的。两者都是科学家通过理论联系实际研究出来的。不管其他的识别方法是不是更精确，脸部识别都是一个主要的研究方向，因为它有着不需要打扰人的优势。

20年前脸部识别被认为是人工智能和计算机成像中最困难的技术，然而，一系列的成就证明，基于面相识别技术的验证不仅在技术上是可行的，还能带来经济效益。

结合智能化环境的脸部识别明显比以前更好处理，这激起了研究者研究的兴趣，也激起了投资者浓厚的投资兴趣。目前有几家公司销售商业脸部识别软件，这种软件能精确地识别1000人以上。

有关脸部识别技术的早期研究是，通过一个简单的神经网络，从远处识别归一化的脸部图像。该网络通过估计脸部图像的自相关矩阵的特征向量来计算脸的描述参数，这些特征向量就是现在的特征脸。然而，这个系统并没有取得实质性的成功。随后的几年，科学家们在已有技术的基础上，试着用其他的神经网络以及调整距离等方案来发展脸部识别技术。其中有几个在排列图像的小数据库中能成功运行，但是一旦支持大的数据库，脸部的位置和大小是未知的时候，就无法运行。

后来，科学家想到了一种代数处理法，这种方法能直接计算特征脸，然后再将这种方法和特征脸识别方法联系起来检测局部化的脸。这个结合着特征脸识别技术的简单、实时的模式识别方法一下子照亮了脸部识别技术发展的道路。

在过去的20多年中，面相识别一直以二维图像对比判断为主。这就像是拿着两张并不清晰的照片进行对比一样，人的脸部由于年龄、姿态、表情、光照等因素而具有"一人千面"的特点，识别的准确度受到很大限制。近年来，人们开始考虑将面相抽象出的三维模型作为面相识别的基础。在这种面相识别系统中，先通过摄像头获取人面像最重要的三维特征，如人脸的突起部位、眉骨、双眼、鼻和嘴等的大小及其在五官轮廓中的位置等，然后计算出它们的几何特征量，再与模板库中的人像进行对比。采用这种方式准确率会提高很多，但是相应的计算量就会变得很大，因此数据获取、数据存储等方面将会存在一些问题。

20世纪90年代后期，由于计算机处理速度的飞速提高以及图形识别算法的革命性改进，"面相识别"技术继"指纹识别""眼虹膜识别"及"语音识别"等前期生物识别技术之后，以其独特的方便、经济及准确性，越来越受到世人的瞩目。特别是在1996年后，该技术在世界范围内被广泛采用，应用领域日趋广泛，如马来西亚兰卡威机场的登机控制系统、英国伦敦警事监控系统、巴以加沙地带的出入控制系统等，许多地区和部门开始实际应用面部识别技术，并获得了良好的效果。其中，英国伦敦警事监控系统将全国通缉要犯照片存于监控系统数据库中，由系统自动监视出入公共场所的所有旅客，发现相符者即自动报警。2008年的北京奥运会，也大量采用了面相识别技术。

（二）面相识别技术的概念

面相识别技术通过面相特征和它们之间的关系来进行识别，这一过程是非常复杂的，不仅涉及人工智能还涉及机器知识学习系统。

人体面相识别技术包含三个部分。

1. 人体面相检测

面相检测是指在动态的场景与复杂的背景中判断是否存在面相，并分离出这种面相。一般有下列几种方法：

①参考模板法。首先设计一个或数个标准人脸的模板,然后计算测试采集的样品与标准模板之间的匹配程度,并通过阈值来判断是否存在人脸。

②人脸规则法。人脸都具有一定的结构分布特征,所谓人脸规则的方法即提取这些特征生成相应的规则以判断测试样品是否包含人脸。

③样品学习法。采用模式识别中人工神经网络的方法,即通过对面相样品集和非面相样品集的学习产生分类器。

④肤色模型法。依据面相肤色在色彩空间中分布相对集中的规律来进行检测。

⑤特征子脸法。将所有面相集合视为一个面相子空间,并基于检测样品与其在子空间的投影之间的距离判断是否存在面相。

值得指出的是,上述五种方法在实际检测系统中也可综合采用。

2. 人体面貌跟踪

面貌跟踪是指对被检测到的面貌进行动态目标跟踪。具体采用基于模型的方法或基于运动与模型相结合的方法。

此外,利用肤色模型跟踪也不失为一种简单而有效的手段。

3. 人体面相比对

面相比对是对被检测到的面相进行身份确认或在面相库中进行目标搜索。这实际上就是,将采样到的面相与库存中的面相依次进行比对,并找出最佳的匹配对象。所以,面相的描述决定了面相识别的具体方法与性能。目前主要采用特征向量与面纹模板两种描述方法。

①特征向量法。先确定眼虹膜、鼻翼、嘴角等的大小、位置等属性,然后再计算出它们的几何特征量,而这些特征量形成描述该面相的特征向量。

②面纹模板法。在库中存储若干标准面相模板或面相器官模板,在进行比对时,将采样面相所有像素与库中所有模板采用归一化相关量度量进行匹配。

人体面相识别技术的核心实际为"局部人体特征分析"和"图形/神经识别算法"。

(三) 面相识别的优缺点

1. 面相识别的优点

第一,人体面相识别技术有快速、简便、非侵扰和不需要人的被动配合的优点。因为除这种识别技术以外,其余的人体生物特征识别技术对人们来说都是一种干扰,都需要人的被动配合。如指纹和掌纹识别都需要人们将手放在玻璃表面,虹膜识别需要用激光照射人的眼睛,声音识别需要人对着麦克风讲话，字迹识别则需要人签字，等等。而人体面相识别不会对人产生干扰，人只需快速地从一架摄像机前走过，所以非常简便。

第二，人体面相识别技术准确、直观、方便，且防伪性好。同其他人体生物特征识别技术相比较，只有面相识别是最直观、最可靠、最准确的，因而它是防伪、防欺诈的。

第三，人体面相识别技术性价比高、经济，且具有良好的可扩展性。因为人体面相识别技术比其他的人体生物特征识别技术的性能要优越，它不需要人的配合就能方便有效地核查人的身份，所以经济、性价比高；其由于直观、准确，且应用更为广泛，因此具有良好的可扩展性能。

2. 面相识别的缺点

使用者面相的位置与周围的光环境都可能影响系统的精确性，所以大部分研究生物识别的人都认为面相识别是最不准确的，也是最容易被欺骗的。

对于头发、饰物、年龄等变化引起的差异，可能需要通过人工智能来补偿，机器学习功能必须不断地将以前得到的图像和现在的图像进行比对，以改进核心数据和弥补微小的差别。

（四）面相识别技术的研究方向与主要问题

1. 面相识别技术的研究方向

（1）人脸检测与跟踪技术

显然，要识别图像中出现的人脸，首要的一点就是要找到人脸。人脸检测与跟踪研究的就是如何从静态图片或者视频序列中找出人脸，如果存在人脸，则输出人脸的数目、每个人脸的位置及其大小。人脸跟踪就是要在检测到人脸的基础上，在后续的人脸图像中继续捕获人脸的位置及其大小等性质。人脸检测是人脸身份识别的前期工作。同时，人脸检测作为完整的单独功能模块，在智能视频监控、视频检索和视频内容组织等方面有直接的应用。

研究人员发明了一个复杂背景下的多级结构的人脸检测与跟踪系统，其中采用了模板匹配、特征子脸彩色信息等人脸检测技术，能够检测平面内旋转的人脸，并可以跟踪任意姿态的运动的人脸。简述如下。这种检测方法是一个两级结构的算法，对于扫描窗口，首先和人脸模板进行匹配，如果匹配，那么就将其投影到人脸子空间，由特征子脸技术判断是否为人脸。模板匹配的方法是，按照人脸特征，将人脸图像划分成14个不同区域，用每个区域的灰度统计值表示该区域，用整个样本的灰度平均值归一化，从而得到用特征向量表示的人脸模板。通过非监督学习的方法对训练样本聚类，得到参考模板族。将测试图像的模板与参考模板在某种距离测度下匹配，通过阈值判断匹配程度。特征子脸技术的基本思想是，根据统计的观点，寻找人脸图像分布的基本元素，即人脸图像样本集协方差矩阵的特征向量，以此近似地表征人脸图像。这些特征向量称为特征脸。实际上，特征脸反映了隐含在人脸样本集合内部的信息和人脸的结构关系。将眼睛、面颊、下颌的样本集协方差矩阵的特征向量称为特征眼、特征颌和特征唇，统称特征子脸。特征子脸在相应的图像空间中张成的子空间，称为子脸空间。计算出测试图像窗口在子脸空间的投影距离，若窗口图像满足阈值比较条件，则判断其为人脸。

研究人员还在人脸重心模板技术的基础上改进发明了一个复杂背景下准确实时地快速检测人脸的系统。人脸重心模板可以实现人脸快速定位，这些人脸模板具有多尺度的检测功能，能检测处于复杂背景中任何位置的不同大小的人脸；人脸重心模板上的重心点对应人脸模式上的各个器官（双眉、双眼、鼻和嘴），重心点之间动态的二维空间约束关系能检测具有不同构型的实际人脸。

除此之外，研究人员还对国际上最新的研究成果基于 Ada Boost 算法的实时人脸检测方法进行了跟踪研究，其检测速度可以达到平均 15 帧/秒。除此之外，该算法还可以很容易地扩展到多姿态人脸检测上去。

（2）面部关键特征定位及人脸 2D 形状检测技术

在人脸检测的基础上，面部关键特征检测试图检测人脸上的主要的面部特征点的位置及眼睛和嘴巴等主要器官的形状信息。灰度积分投影曲线分析、模板匹配、可变形模板、主动形状模型和主动外观模型是常用的方法。

可变形模板的主要思想是根据待检测人脸特征的先验的形状信息，定义一个参数描述的形状模型，该模型的参数反映了对应特征形状的可变部分，如位置、大小、角度等，它们最终通过模型与图像的边缘、峰、谷和灰度分布特性的动态交互适应来修正。模板变形由于利用了特征区域的全局信息，因此，可以较好地检测出相应的特征形状。又由于可变形模板要采用优化算法在参数空间内进行能量函数极小化，因此，算法的主要缺点在于两点，一是对参数初值的依赖程度高，很容易陷入局部最小；二是计算时间长。针对这两方面的问题，研究人员采用了一种由粗到细的检测算法，首先，利用人脸器官构造的先验知识、面部图像灰度分布的峰谷和频率特性粗略检测出眼睛、鼻子、嘴、下巴的大致区域和一些关键的特征点，然后在此基础上，给出较好的模板的初始参数，这样可以大幅提高算法的速度和精度。

眼睛是面部最重要的特征，它们的精确定位是识别的关键。研究人员还提出了一种基于区域增长的眼睛定位技术，在人脸检测的基础上，充分利用眼睛是面部区域内脸部中心的左上方和右上方的灰度谷区这一特性，可以精确快速地定位两个眼睛瞳孔中心位置。算法采用了基于区域增长的搜索策略，在人脸定位算法给出的大致人脸框架中，估计鼻子的初始位置，然后定义两个初始搜索矩形，分别向左右两眼所处的大致位置生长。该算法根据人眼灰度明显低于面部灰度的特点，利用搜索矩形找到眼部的边缘，最后定位到瞳孔的中心。实验表明，本算法对于人脸大小、姿态和光照的变化，都有较强的适应能力，但在眼睛阴影较重的情况下会出现定位不准，佩戴黑框眼镜也会影响本算法的定位结果。

主动形状模型和主动外观模型是近年来流行的一般对象形状提取算法，其核心思想是在某种局部点模型匹配的基础上，利用统计模型对待识别的人脸的形状进行约束，从而转化为一个优化的问题，并期望最终收敛到实际的人脸形状上去。研究人员对主动形状模型和主动外观模型进行了跟踪研究，发现了主动形状模型的一些缺点，在局部模型和局部特征约束方面做了一些改进，同时，注意到主动形状模型速度快、精度较低，而主动外观模型复杂度高、速度慢，研究人员建立了两者的融合模型，并取得了初步的成果。

基于图像和形状之间的相关性，研究人员还提出了一种基于图像样例的形状学习算法，首次将学习策略引入形状提取中，初步的实验表明该算法具有良好的性能。

（3）人脸确认与识别技术

主流的人脸识别技术基本上可以归结为三类，即基于几何特征的方法、基于模板的方法和基于模型的方法。基于几何特征的方法是最早的方法，通常需要和其他算法结合才能有比较好的效果；基于模板的方法可以分为基于相关匹配的方法、特征脸方法、线性判别分析方法、奇异值分解方法、神经网络方法、动态连接匹配方法等；基于模型的方法则有基于隐马尔柯夫模型、主动形状模型和主动外观模型的方法等。

近年来，研究人员在对特征脸技术进行认真研究的基础上，尝试了基于特征脸特征提取方法和各种后端分类器相结合的方法，并提出了各种各样的改进版本或扩展算法，主要的研究内容包括线性/非线性判别分析、支持矢量机、人工神经网络以及类内和类间双子空间分析方法等。

特定人脸子空间算法来源于传统的"特征脸"人脸识别方法，但在本质上又与其有着明显的不同。"特征脸"方法中所有人共有一个人脸子空间，而研究人员的方法则为每一个体人脸都建立了一个该个体对象所私有的人脸子空间，从而不但能够更好地描述不同个体人脸之间的差异性，而且最大可能地摒弃了对识别不利的类内差异性和噪声，因而比传统的"特征脸算法"具有更好的判别能力。另外，针对每个待识别个体只有单一训练样本的人脸识别问题，研究人员提供了一种基于单一样本生成多个训练样本的技术，从而使得需要多个训练样本的个体人脸子空间方法可以适用于单训练样本人脸识别问题。该技术比传统的特征脸方法、模板匹配方法具有更好的鲁棒性，具有更优的识别性能。

弹性图匹配技术是一种基于几何特征和对灰度分布信息进行小波纹理分析相结合的识别算法，该算法由于较好地利用了人脸的结构和灰度分布信息，而且还具有自动精确定位面部特征点的功能，因而具有良好的识别效果，其缺点是时间复杂度高，实现复杂。

2. 面相识别技术的主要问题

（1）面相识别中的光照问题

光照变化是影响面相识别性能的最关键因素，对光照问题的解决程度关系着人脸识别实用化进程的成败。研究人员在对其进行系统分析的基础上，考虑对其进行量化研究的可能性，其中包括对光照强度和方向的量化、对人脸反射属性的量化等。在此基础上，考虑建立描述这些因素的数学模型，以便利用这些光照模型，在人脸图像预处理或者归一化阶段尽可能地补偿乃至消除其对识别性能的影响。重点研究如何在从人脸图像中将固有的人脸属性（反射率属性、3D表面形状属性）和光源、遮挡及高光等非人脸固有属性分离开来。基于统计视觉模型的反射率属性估计、3D表面形状估计、光照模式估计，以及任意光照图像生成算法是研究人员的主要研究内容。具体考虑两种不同的解决思路：①利用光照模式参数空间估计光照模式，然后进行有针对性的光照补偿，以便消除非均匀正面光照造成的阴影、高光等影响；②基于光照子空间模型的任意光照图像生成算法，生成多个不同光照条件的训练样本，然后利用具有良好的学习能力的人脸识别算法，如子空间法等进行识别。

（2）人脸识别中的姿态问题研究

姿态问题涉及头部在三维垂直坐标系中绕三个轴旋转造成的面部变化，其中垂直于图像平面的两个方向的深度旋转会造成面部信息的部分缺失，这使得姿态问题成为面相识别的一个技术难题。解决姿态问题有如下三种思路。①学习并记忆多种姿态特征，这对于多姿态人脸数据可以容易获取的情况比较实用，其优点是算法与正面面相识别统一，不需要额外的技术支持，缺点是存储需求大，姿态泛化能力不能确定，不能用于基于单张照片的人脸识别算法中等。②基于单张视图生成多角度视图，可以在只能获取用户单张照片的情况下合成该用户的多个学习样本，可以解决训练样本较少的情况下的多姿态人脸识别问题，从而改善识别性能。③基于姿态不变特征的方法，即寻求那些不随姿态的变化而变化的特征。研究思路是采用基于统计的视觉模型，将输入姿态图像校正为正面图像，从而可以在统一的姿态空间内做特征的提取和匹配。

因此，基于单姿态视图的多姿态视图生成算法将是研究人员要研究的核心算法，基本思路是采用机器学习算法学习姿态的 2D 变化模式，并将一般人脸的 3D 模型作为先验知识，补偿 2D 姿态变换中不可见的部分，并将其应用到新的输入图像上去。

（五）面相识别技术的典型应用

面相识别技术的应用是非接触式的、连续的和实时的，这一技术的典型应用如下：

①身份鉴定（一对多的搜索）。在鉴定模式下，确定一个人的身份，面相识别技术可以快速地计算出实时采集到的面纹数据与面相数据库中已知人员的面纹数据之间的相似度，给出一个按相似度递减排列的可能的人员列表，或简单地给出鉴定结果（相似度最高的）和相对应的可信度。

②身份确认（一对一的比对）。在确认模式下，面纹数据可以存储在智能卡中或数码记录中，面相识别技术只需要简单地将实时的面纹数据与存储的面纹数据相比对，如果可信度超过一个指定的阈值，则比对成功，身份得到确认。

③监控。应用面像捕捉，面相识别技术可以在监控范围内跟踪一个人和确定他的位置。

④监视。可以在监控范围内发现人脸，而不论其远近和位置在哪，能连续地跟踪它们并将它们从背景中分离出来，将他的面相与监控列表进行比对。整个过程完全是无须干预的、连续的和实时的。

⑤面相数据压缩。能将面纹数据压缩到 84 字节以便用于智能卡、条码或其他存储空间有限的设备中。

（六）面相识别技术的应用领域

1. 在银行金融系统中的应用

可用于电脑/网络安全、银行业务、智能卡、访问控制、边境控制等领域，网讯公司在这一领域的产品有门禁和考勤、民政收容与遣送等。

银行金融系统对安全防范控制有着极高的要求，保险柜、自动柜员机以及电子商务信息系统等，都需要人体面相识别这种更直观、准确、可靠的识别系统。

近年来，金融诈骗、抢劫发生率有所增高，对传统的安全措施提出了新的挑战。而人体面相识别技术根本不需要带任何的电子、机械"钥匙",因而可杜绝丢失钥匙、密码的现象。如果配合 IC 卡、指纹识别等技术,就可以使安全系数成倍增长。而且,由于面相识别技术对每次操作事件都保存一条有时间、日期和人体面像的记录,所以它具有良好的可跟踪性。

当前,银行系统正在开展保险柜出租、托管的业务,如果银行使用这种识别系统,就能提高安全系数和客户对银行的可信度。此外,若在自动取款机上应用这种识别技术,可以解除用户忘记密码的苦恼,而且还可以防止冒领、盗取的事件发生。

2. 在政法系统中的应用

应用于脸部照片登记系统、事件后分析系统,网讯公司在这一领域的主要应用为基于互联网的网上追逃系统。

当前,我国的公安局、检察院、法院正加强对经济、刑事等犯罪行为的打击力度,正在联合开展"追逃"行动。目前多是将逃犯的照片、身份证、特征资料等发布到网上。如果利用人体面相识别技术,则可大大提高工作效率,并能对犯罪分子产生极大的威慑力量。如在重要的车站、码头、机场、海关等出入口附近架设摄像机,则系统可在无人值守的情况下自动捕捉进、出上述场所的人员的头像,再通过网络将头像面相特征数据传送到计算机中心数据库中,与逃犯的头像进行比较,一旦发现是吻合的头像即自动记录并报警。如英国伦敦警察局,由于最近使用了人体面相识别系统,在三个月内破案率就提高了 34%。

二、面相识别技术原理

(一)面相识别技术介绍

1. 捕捉面相图像的两项技术

(1)视频技术

视频技术通过一个标准的摄像头获取面相的图像或一系列图像,在面相图像被捕捉之后,一些核心点被记录,例如,眼睛、鼻子和嘴的位置以及它们之间的相对位置,然后形成模板。北京 2008 年奥运会就大量采用了该技术。

(2)热成像技术

热成像技术通过分析由面部的毛细血管的血液产生的热线来勾画出面部图像,与视频摄像头不同,热成像技术对光源的要求不高,因此,即使在黑暗的情况下也可以使用。一个算法和一个神经网络系统加上一个转化机制就可将一幅面相图像变成数字信号,最终产生匹配或不匹配信号。

2. 典型的框架结构

主导的面像识别模型是描述性的，而不是生成性的。若干训练用的样品图像就是以二维方式表示被识别对象的特征化指标的。虽然曾使用过非常简单的建模方法，但是主要的特征化方法是采用目标图像数据的概率密度函数估计法。

例如，选取几个目标样品数据的低维表示，直接用图像级特征的概率分布函数，作为一种简单的参数函数（例如，高斯函数），然后获得目标类的一种低维、有效的可计算模型。一旦获得目标类的概率分布函数，就能用贝叶斯规则做出最后的检验判决实现识别。这一模型结构还是相当有效的，目前的面相识别方法能做到每秒处理 30 帧视频数据，并能在一台机器上，从上千人的数据库中比较筛选出与输入面相相同的面相。

3. 降维

为了获得有代表性的脸型，首先，必须将图像转换成低维的坐标系统，这个坐标系统保留原目标图像的有价值的属性。为降维而实行的变换是完全必要的。原图像的维数太高，因而要求大量的样品去直接了解外貌的类别。

降维的典型方法包括主元分析或基于样品的表示。有时也使用其他的降维法，包括小波变换、特征柱状图、独立成分分析等。

所有这些方法有一个共性，那就是它们以维数较低的子空间有效地推述有高维空间的原图像。目标外貌是一个新的、低维的坐标系统，一旦获得一个低维的目标类（脸、眼睛等），就能使用标准的统计参数法来估计外貌的大体范围，同时，由于维数低就仅要求使用相对较少的样品来估计参数或类内判决函数。

这一方法的重要变形是判别式模型，它着眼于类间差异而不是类本身，这一模型比概率密度函数的学习更有效、更精确。一个不同特征的简单的线性例子是 Fisher 判别式。

（二）面相识别算法

目前面相识别的算法可以分为基于人脸部件的多特征识别算法、基于人脸特征点的识别算法、基于整幅人脸图像的识别算法、基于模板的识别算法、利用神经网络进行识别的算法。

1. 基本算法——局部特征分析

任何一个面相识别系统的基本要点是如何将面相进行编码。面相识别技术使用局部特征分析来描述面相图像，它源于类似搭建积木的局部统计的原理。局部特征分析是基于以下事实的一种计算方法，即所有的面相（包括各种复杂的式样）都可以从由很多不能再简化的结构单元子集综合而成。这些单元由复杂的统计技术形成，它们代表了整个面相。它们通常跨越多个像素（在局部区域内）并代表了普遍的面相形状，但并不是通常意义上的面相特征。实际上面相结构单元比面相的部位要多得多。

然而，要综合形成一张逼真、精确的面相，只需要整个可用集合中很少的单元子集。要确定身份不仅仅取决于特性的单元，还取决于它们的几何结构（比如它们的相关位置）。

通过这种方式，局部特征分析将个人的特性对应成一种复杂的数字表达方式，可以进行对比和识别。

2. 当前的水平

已有好几个算法声称在很少约束的情况下仍有精确的性能。为了更好地评价这些算法，美国国防高级研究计划局和陆军研究实验室建立了人脸识别技术计划，目标是既评估它们的性能又鼓励技术进步。到2000年1月21日，已有三种算法在双盲检测条件下展示了它们最高的识别精度。这些算法来自南加利福尼亚大学、马里兰大学和麻省理工学院媒体实验室。他们都加入了人脸识别技术计划。其中两个算法，也就是南加利福尼亚大学和麻省理工学院媒体实验室研制的，能在最小的限制下实现检测和识别，而其他的则要求告知眼睛的大致位置。第四种算法是洛克菲勒大学开发的，早期曾是竞争者之一，从测试中淘汰后转向商用。南加利福尼亚大学和麻省理工学院媒体实验室的算法也是商业系统的基础。

（三）面相识别的步骤

首先，建立面相档案。可以从摄像头采集面相文件获取照片文件，生成面纹编码即特征向量。

其次，获取当前面相。可以从摄像头捕捉面相获取照片输入，生成其面纹。

再次，检索比对。将当前面像的面纹编码与档案中的面纹编码进行检索比对。

最后，确认面相身份或提出身份选择。

上述整个过程都自动、连续、实时地完成，而且系统只需要普通的处理设备。

如门票系统的工作流程如下。①自动地在视频数据流中搜索面相图像。②当出现一个头像时，自动使用多种类型的匹配算法来判断在那个位置是否真的有一张脸。这些算法能够精确地探测出同时出现的多张脸，并且能够确定它们的准确位置。一旦探测到一张脸，这张脸的图像就会被从背景中分离出来，随后算法核对这幅图像进行一系列的特殊处理来恢复它的尺寸、光线、表情和姿态。③将这幅脸部图像在系统内部转换成面纹，它包含了这张脸的特有信息。④将实时获取的"面纹"与数据库中已有的"面纹"进行比对。⑤完成对某张脸的确认。

"面纹"编码方式是根据脸部的本质特征和形状来工作的，它可以抵抗光线、皮肤色调、面相毛发、发型、眼镜、表情和姿态的变化，具有极强的可靠性，使从百万人中精确地辨认出一个人成为现实。

三、面相识别技术的应用案例

（一）宝马引入面相识别系统

在大力研发安全技术之后，一些汽车制造商开始研究面部识别系统，以确定驾驶者是否处于清醒状态。作为知名汽车厂商，宝马正试图将面部识别技术用于识别驾驶者身份。同时，宝马还将通过使用这项技术确定驾驶者的个人特征，并将车辆自动调整至最佳状态。

当驾驶者坐入驾驶席，宝马的这项技术能够识别驾驶者，并将后视镜、方向盘调整至最佳位置。同时，车辆的收音机频道也会自动调整至驾驶者最喜欢的频道。如果开发成功，这项技术还将有可能用于对节流阀、换挡模式以及悬架进行自动调控。

此外，该项技术还能存储多位驾驶者的信息及相应设定。采用这项技术，将有效防止车辆被盗。

（二）面相识别技术在数码相机中的应用

富士胶片公司曾推出了一款 S6500fd 数码相机，当时富士胶片公司号称该机的"脸部识别技术"具有相机智能新突破意义。但似乎株式会社尼康几年前的小型数码相机就拥有了类似功能。后来像奥林巴斯、宾得也都有类似功能的产品。只不过是因为大家觉得这些功能可有可无，没有特别大的实际意义，所以也就没有热起来。

如今的自动相机，特别是数码相机，都拥有了自动对焦及自动测光的本领。人们除了要取景外，基本也就不用去操心什么对焦、调节快门速度、调整光圈等复杂的曝光程序。而自动相机毕竟是机器，有时候也难免会出现测光不准或对焦不准的状况。一直以来，很多厂商都在不断改进自动对焦及自动曝光技术，而脸部识别技术，正是改进中衍生出来的一个新鲜事物。

脸部识别技术的原理听起来并不深奥，它通过识别画面中的眼睛、嘴等特征信息，锁定画面中的人脸位置，并自动将人脸作为拍摄的主体，设置准确的焦距和曝光量。当脸部识别功能开始工作的时候，相机就会自动根据画面中人脸的位置和光照强度进行设置，确保人脸的清晰和曝光准确。此外，当画面中有多个人物时，脸部识别功能也能够准确工作，挑选最主要的对象。

在以往的拍摄中，如何处理人物和背景的关系一直是个麻烦的问题：如果人物不是在取景器的中间，相机就可能把焦点对在远处的背景，导致人物模糊；当人物和背景的亮度差别很大，则会导致人脸部曝光不足或过度。为了解决这些问题，专业的数码相机配备了"5点、9点"的对焦系统和"面测光、点测光、包围测光"的测光系统，还要加上"AE/AF锁"。如此复杂的设置对拍摄者的经验和手指灵活性都是巨大的考验，而对于许多不具备这些功能的数码相机来说，拍摄者就完全束手无策了。脸部识别技术的出现，则让这个难题不复存在。这一技术能够让相机自动识别画面中是否有人的脸部，并自动将人脸作为拍摄的主体。然后，相机在对焦和曝光控制方面都将针对人脸的状况来调整。

这一智能功能带来两个最直接的好处：一是摄影者能集中精力在取景上，可以实现更完美的构图；二是提升了拍摄的速度。比如，富士的脸部识别功能是基于硬件实现的，也就是在相机的处理芯片中有专门的集成电路来进行运算，每次处理的时间不到 0.05 秒，比起以往的"对准主体—半按快门—按 AE/AF 锁—取景"过程来，要快上不少，更适合抓拍的需要。

（三）面相识别系统在奥运会中的应用

1. 面相识别技术首次大规模在奥运会上使用

参加北京奥运会的运动员只需站在自己房门前，房门就会自动打开。这是因为在奥运会运动员宿舍的门上都安装了由面部识别技术管理的门禁系统。房门没有钥匙孔，唯一的钥匙就是事先输入系统中的准入者的面部骨骼特征。系统还可以记录人员进出的时间和信息，从而使安保人员能够监控中外运动员、教练员的安全状况。

北京奥运会广泛采用了面部识别系统。不仅运动员宿舍的房门有这样的功能，所有奥运场馆的入口处也都安装了监控装置，面部识别系统会自动从监控录像中分辨出人脸，然后，和已有的数据进行对比。

主要原理是，在连续的录像或者合照中分离出个人脸部的图片，并与数据库中预先存储的照片进行对比。面部识别具有自然性和不易察觉性，对于人流监控和犯罪嫌疑人鉴别等工作将有很大的帮助。

当发现不受欢迎的人时，面部识别系统会马上给出警告信息。2008 年 8 月人群大量涌入北京，其中包括运动员、教练员、官员以及大量观众。据这项工程主要承担企业的总裁马昕博士介绍，北京奥运场馆的面部识别系统数据库收入了包括中国公民和国际人士在内的共计超过 13 亿人的面部信息。当人们进入奥运场馆时，该系统会对他们的面部特征进行快速核对，人们根本无须停留，安保人员可以在最短的时间内将各类"危险人物"拒之门外。

这是面部识别技术第一次大规模应用于奥运会，它让奥运会变得更加安全。

2. 面部识别系统如何保障奥运会安全

早在 1996 年亚特兰大奥运会和 2002 年盐湖城冬奥会上，主办方就曾经使用过类似功能的设备。但是，因为当时的技术限制，该设备并不能快速准确地实现目标识别，因此，仅仅当作一种备用的安全监控手段。但是，在北京奥运会上，随着技术的进步，面部识别系统得到了广泛应用。

在奥运会场馆中，已经实现了全方位无缝式摄像头监控。在所有奥运会场馆的入口处，监控摄像头都与面部识别系统相连，以每秒钟 50 万张的速度将通过人口的观众与数据库中的资料照片进行对比。一些重点场馆的所有监控摄像头也都和面部识别系统连接在一起，一旦出现特殊情况，安全人员可以迅速定位任何人所处的位置。在奥运村，运动员宿舍全面采用了基于面部识别系统的门禁管理系统。这不仅仅是为了安全，也是为了更加方便。运动员只需站在门前，剩下的事情就交给面部识别系统去做。北京火车站、北京西站、首都机场等重要交通出入口的面部识别系统也投入了使用。北京市五百家以上的大型商场也都与面部识别系统连接，以保证公共场所的安全。这些设施组成了多层防护网，协助保障奥运会的安全。在面部识别系统的帮助下，2008 年北京奥运会的安全性与过去几届相比有质的提高。

第三节　虹膜识别技术及其应用

一、虹膜识别技术的内涵

（一）虹膜识别技术简介

人眼睛的外观由巩膜、瞳孔、虹膜三部分构成。巩膜即眼球外围的白色部分，约占总面积的 30%。眼睛中心为瞳孔部分，约占 5%。虹膜位于巩膜和瞳孔之间，包含了最丰富的纹理信息，占据 65%。瞳孔随着入射光线的变化，会产生收缩或扩张，牵动虹膜变化。虹膜与巩膜、瞳孔的边界均近似为圆形，是图像匹配时可以利用的重要几何信息。

虹膜表面形貌高度细化，包含了极为丰富的信息。从外观上看，由许多腺窝、皱褶、色素斑等构成，是人体中最独特的结构之一。虹膜的形成由遗传基因决定，人体基因表达决定了虹膜的形态、生理结构、颜色和总的外观。到12岁左右，虹膜就基本上发育到了足够尺寸，进入了相对稳定的时期。除了极少见的反常状况以及身体或精神上大的创伤造成的虹膜外观改变外，虹膜形貌可以保持数十年不变。另外，虹膜是外部可见的，但同时又属于内部组织，位于角膜后面。要改变虹膜外观，需要非常精细的外科手术，而且要冒着视力损伤的危险。虹膜的高度独特性、稳定性及不可更改的特点，是虹膜可用于身份鉴别的物质基础。

虹膜由前向后分为下列5层：

①内皮细胞层：与角膜内皮细胞相连续，也有人认为此层并不存在。

②前界膜：由间质变致密而成，含有多数色素细胞，无血管，在虹膜小窝处无内皮细胞和前界膜，虹膜血管壁可与前房接触。

③基质层：由疏松结缔组织构成，内含丰富的血管、神经，还有色素细胞和瞳孔括约肌。瞳孔括约肌为平滑肌，位于基质后部，靠近瞳孔缘。

④后界膜：由一薄层平滑肌纤维构成，称瞳孔开大肌。其外侧和睫状肌相连，内侧和瞳孔括约肌相连。

⑤后上皮层：由睫状体上皮层延续而来，共两层，均含有黑色素。前层为扁平梭形细胞，后层为多边形或立方形细胞。

（二）虹膜识别技术的发展

虹膜识别技术是各种生物识别方式中准确率最高的。在刑事侦查、反恐怖犯罪方面，虹膜识别技术能帮助调查人员从特定人群中快速、准确地查找出犯罪分子。虹膜识别技术的商业运用尚处于起步阶段，但已被广泛应用于安全检查、银行、重要部门门禁等方面，并取得了很好的效果。

在国外，虹膜识别技术目前被用于一些监狱、机场，也被用来控制自动取款机的账户进入。美国北卡罗来纳州的夏洛特道格拉斯国际机场对工作人员和航空公司乘务员进行了虹膜注册，工作人员在进入相关限制区域前只要对着摄像机看一眼，摄像机就会对眼睛进行扫描，然后将扫描图像转换成数字信息与数据库中的资料进行比对，以检验进入者的身份。"虹膜通行证"使用虹膜识别技术来管理航空公司和机场职员进出的限制区域，不仅大大减轻了人员的身份检验工作，还使得任何想进入控制区域的非授权人员或者犯罪分子在虹膜摄像头前无空可钻，有效地保障了机场和乘客的安全。

我国的虹膜识别技术产品和市场也正在逐步开拓之中。目前虹膜识别技术的实际应用还受到很多限制，一方面，虹膜资料库还未开始大范围建立，这大大限制了虹膜识别技术的应用；另一方面，在识别方式上，对虹膜进行主动识别占有绝对主导地位，即识别虹膜素材时需要专用的采集设备，而目前人们对于利用现有照片进行虹膜识别这一课题的研究才刚刚起步，虹膜识别对素材照片的质量要求很高，否则虹膜的细节特征就很可能显示不出来，而这些细小特征正是识别的基础。但通过照片进行虹膜识别，在刑事侦查等领域具有广泛的应用前景，因为很多情况下无法采集到需要识别对象的虹膜资料，这时就可以通过现有照片来进行识别。

（三）虹膜识别技术与其他生物识别技术的对比

依据虹膜特有的生理特征而形成的虹膜识别技术，具有其他生物识别特征所无法取代的优势。

①唯一性：自然界不可能出现完全相同的两个虹膜，即使是双胞胎、同一人的左右眼，他们的虹膜图像也不相同。

②稳定性：虹膜在人出生8个月后就已经稳定成型、终身不变。

③非接触式采集：虹膜是外部可见的内部器官，用户可以在不与采集设备接触的情况下完成图像的采集。虽然指纹是比较流行的生物识别方式，但是虹膜的发展前景明显比指纹光明。

虹膜识别技术与其他生物识别技术的对比，见表2-1所示。

表2-1 虹膜识别技术与其他生物识别技术的对比

项目 类型	误识率	拒识率	影响识别的因素	稳定性	安全性
虹膜识别	1：1200000	0.1%～0.2%	虹膜识别时摄像机镜头的调整	非常稳定，只需注册一次	使用者选择注册
指纹识别	1：100000	2.0%～3.0%	干燥、脏污、伤痕等	因为影响因素改变，需要经常注册	使用者选择注册
掌纹识别	1：10000	约等于10%	受伤、年龄、药物等	因为影响因素改变，需要经常注册	使用者选择注册
面相识别	1：1000000	10%～20%	灯光、年龄、眼镜、脸上的遮挡物等	因为影响因素改变，需要经常注册	在一定距离内，无须使用者同意即可被注册

二、虹膜识别技术的原理

从识别的角度来说，虹膜的颜色信息并不具有广泛的区分性，而那些相互交错的类似于斑点、细丝、冠状、条纹、隐窝等形状的细微特征才是虹膜唯一性的体现。这些特征通常称为虹膜的纹理特征。根据虹膜的算法系统，当某个人注册自己的虹膜信息后，系统对已注册的虹膜信息进行预处理，并对有效的虹膜纹理特征进行描述，最后完成基于不同虹膜特征分类的任务，在识别过程中，通过与数据库中已分类的虹膜特征配对完成识别。

虹膜识别技术的核心原理，就是对人眼虹膜的细小特征进行记录、分析和判断，而算法分析和判断的关键。虹膜识别系统由硬件和软件两大模块组成，硬件主要指虹膜图像获取装置，软件主要指虹膜识别算法。这两大模块分别对应图像获取和模式匹配这两个基本问题。计算机将虹膜的可视特征转换成1个512字节的虹膜代码，这个代码模板被存储下来以便后期识别所用。对于采集到的直径11mm的虹膜，计算系统用3.4字节的数据来代表每平方毫米的虹膜信息。这样，一个虹膜约有266个量化特征点，在算法和人类眼部特征允许的情况下，虹膜识别技术可获得173个二进制自由度的独立特征点。当需要识别时，计算机会自动将当前采集的虹膜特征点与数据库中存储的特征点相匹配，然后自动给出比对结果。由于采用先进的算法，虹膜识别的准确度十分高。

三、虹膜识别技术的应用

虹膜识别技术目前主要有下列几个方面的应用。

①高端门禁。国家机关、企事业单位、科研机构、高档住宅楼、银行金库、枪械库、档案库、核电站、机场、军事基地、保密部门、计算机房等重要场所的出入控制。

②公安刑侦。流动人口管理、身份证管理、驾驶执照管理、嫌疑犯排查、抓逃、失踪儿童寻找、司法证据获取等。

③医疗社保。献血人员身份确认、社会福利领取人员、劳保人员身份确认等。

④网络安全。网络访问、电脑登录等。

⑤其他应用。考勤、考试人员身份确认等。

（一）虹膜识别技术在考勤系统中的应用

1. 考勤系统

考勤系统的目的是实现员工考勤数据采集、数据统计和信息查询过程的自动化，完善人事管理，方便员工上班报到，方便管理人员统计、考核员工出勤情况，方便管理部门查询、考核各部门出勤率以及有效管理、掌握人员流动情况。特别适合煤矿考勤、工厂考勤、建筑工人考勤等。

目前市场上广泛采用的IC卡、射频卡等打卡考勤方式无法解决替代性问题，而指纹等生物识别技术，也因识别精度不够、指纹容易损伤或先天指纹不清、设备维护困难等问题不能满足需要。而虹膜识别考勤系统可以从根本上杜绝公司考勤时有人替打卡现象，识别率很高。

虹膜考勤系统的优点：①虹膜识别技术免接触，不可以篡改，安全性高；②正常状态下的识别速度在1秒钟左右；③统计考勤数据快捷，不需人工统计；④产品先进。

虹膜身份识别技术是目前所有生物识别技术里安全性、唯一性最高的人体生物识别技术。使用上已经非常方便可靠，投资可一步到位，操作简单，使用寿命长。

2. 虹膜识别考勤系统的组成

虹膜识别考勤机分为两种：壁挂式虹膜识别考勤机、立式虹膜识别考勤机。

虹膜识别考勤系统由虹膜识别考勤机、虹膜识别软件、人员考勤系统软件和其他附加设备组成。

虹膜识别考勤机由虹膜采集设备、虹膜识别处理设备、显示器、键盘、音箱等部件组成。

虹膜识别软件系统由虹膜采集软件和虹膜识别处理软件组成。

3. 虹膜识别考勤系统的特点

①无伤害。通过光学单元获取虹膜图像是安全的。采集虹膜图像就像照相一样。光学单元中红外LED等的辐射水平对眼睛无任何伤害。

②操作简单。仅仅员工眼睛的虹膜信息进行注册，即可对其身份进行记录和识别。即使您戴着眼镜（近视镜、太阳镜、隐形眼镜）也可以正常地进行识别。

③非接触。图像采集设备可以非接触地采集虹膜图像，避免了由于身体接触而带来病菌感染的可能性。

④精确。虹膜是人的身体中最独特的器官之一，对每个人而言，都具有绝对的唯一性，双胞胎或者是同一个人的左右眼的虹膜都不会相同。

⑤节省开支。虹膜考勤系统安好以后，新注册用户时不需要再添置其他设备，一次投资，一步到位。统计考勤数据快捷，不需要人工统计，极大地节省了人力物力。

⑥使用方便。可避免因为忘记密码、卡的丢失/破损等情况引起的麻烦，不必担心他人伪造。

⑦高速识别。识别过程在1秒内即可完成。

4. 虹膜识别考勤系统的基本功能

①采集。员工上下班的数据，由考勤软件从考勤数据库采集，作为原始考勤数据的来源。

②统计。统计系统将个人信息进行过滤处理，只保留每天考勤记录，然后按员工姓名、日期或其他分类方式进行统计，生成各类统计报表。

③查询。可根据需要随时在查询系统查询各员工上下班、出勤缺勤等情况，并可随时打印出来。

④考勤管理。系统允许系统管理员进行系统设置。设置包括每次采集的有效时间段设置，迟到、早退、旷工的时间设置等。如提前多少时间上班有效，早退多少时间是旷工等，用户可以根据本单位具体制度自行设置。

⑤员工管理。每位员工都有较详细的信息，可以调出每个员工登记时的原始资料。

⑥无人值守考勤。记录任何非法出入信息及图像，及时记录于机器硬盘上，断电仍可保证记录安全。

5. 虹膜识别考勤系统的应用领域

虹膜识别考勤系统的应用领域主要有政府、工厂、煤矿、企业办公室、银行。

（二）虹膜识别技术在门禁系统中的应用

1. 常见的虹膜门禁系统

随着现代化建设的需要，安全保密部门的人员出入管理，除了需要严格的管理制度外，也需要一种能改善安全管理方式的强有力技术层面上的保障，而虹膜识别技术的产生和成熟使这一系列问题迎刃而解。

2. 虹膜识别门禁系统的登记方式

①设备本地登记。在本机直接通过登记系统进行。

②设备远程登记。将虹膜处理器通过 RJ45 接口与笔记本或其他个人计算机连接进行。

3. 虹膜识别门禁系统的应用领域

虹膜识别门禁系统的主要应用领域如下：第一，数据中心、保密资料室、总裁办公室以及重要接见室等；第二，化工工厂、危险化学药品库房，夜间、节假日的通行控制等；第三，机械库、物料放置室、电力控制中心以及天然气公司的控制室等。

（三）虹膜识别技术在鼠标中的应用

1. 虹膜鼠标的基本功能

①登录 Windows 操作系统。授权用户经过虹膜识别验证后，可以登录 Windows 系统，未授权用户无法登录系统。

②文件/文件夹保护功能。对文件/文件夹进行"隐藏""防止拷贝""禁

止访问"等保护性设置。

③屏幕保护功能。当系统进入屏幕保护状态之后，只有授权用户经过虹膜识别验证，才可以让系统重新进入工作状态。

④保护驱动盘。授权用户可隐藏整个驱动盘或驱动盘的内容以便保护重要信息。

⑤网络断开/连接功能。授权用户进行虹膜识别验证之后，可自由断开/连接互联网。

2. 虹膜鼠标的特性

①微处理器。内置智能化"学习"功能，处理系统使用次数越多，识别速度越快。

②鼠标系统。包括处理器/内存/闪存在内的部件内置在鼠标内部，生物数据的图样分析及数据存储都发生在鼠标内部。可有效防止数据丢失及外露。

③"匹配"虹膜识别系统。注册的数据存储在鼠标内部，数据验证过程在鼠标内部的微处理器上进行，无须经过电脑。这种方式可有效防止黑客非法入侵。

④CMOS 图像传感器。特别开发了虹膜 CMOS 图像传感器，可清晰迅速地捕捉所需图样。

⑤凹透镜向导装置。创新的凹透镜向导装置可让用户轻松完成虹膜识别过程。

⑥处理时间。虹膜数据注册 4～10 秒，虹膜识别验证 0.1～2 秒。

⑦照明度。虹膜数据注册 50Lux 环境，虹膜识别验证 10～10000Lux 环境。

⑧多使用用户。一台鼠标中最多可以注册 10 人的数据。

第四节 其他生物识别技术及其应用

一、视网膜识别技术及其应用

（一）视网膜识别技术简介

1. 视网膜介绍

视网膜也是一种可用于生物识别的特征，某些人认为视网膜是比虹膜更具唯一性的生物特征，视网膜识别技术通过利用激光照射眼球的背面来获得视网膜特征。

与虹膜识别技术相比，视网膜扫描也许是最精确和可靠的生物识别技术。

由于人们认为它会高度介入人的身体,因此它也是最难被人接受的技术。视网膜扫描设备对不稳定物体容易读入,这种认识是错误的。在目前初始阶段,视网膜扫描识别需要被识别者有耐心,愿意合作,且受过良好的培训。否则,识别效果会大打折扣。

尽管相对复杂,视网膜扫描实际上是最古老的生物识别技术之一。早在20世纪30年代,就有研究证明,每个人的眼球后半部的血管图形是唯一的。进一步的调查研究表明,这些图形即使是孪生兄弟也各不相同。除非有眼科疾病或者严重的脑部创伤,否则视网膜图形都是稳定的,足以终身使用。

视网膜是眼球后半部的细微神经,这部分神经负责感受光,并通过光学神经向大脑传输脉冲——视网膜相当于照相机中的胶卷。用于生物识别的血管分布与视网膜神经分布相同,位于视网膜四个细胞层的外表。

2. 视网膜识别技术的优缺点

视网膜识别技术的优点:①视网膜是一种固定性极高的生物特征;②使用者不需要和设备进行直接的接触;③视网膜是最难以伪造的,因为视网膜是不可见的,故而不会被伪造。

视网膜识别技术的缺点:①视网膜识别技术未经过任何测试;②视网膜识别技术可能会给使用者的健康带来影响,还需要进一步研究;③对于消费者,视网膜识别技术没有吸引力;④很难进一步降低它的成本。

(二)视网膜识别技术的原理及准确性

视网膜识别技术利用激光照射眼球的背面,扫描摄取几百个视网膜的特征点,经数字化处理后形成记忆模板存储于数据库中,供以后的比对验证所用。视网膜是一种极其稳定的生物特征,视网膜识别技术是身份认证精确度较高的识别技术。但使用困难,不适用于网络传输。

视网膜扫描设备通过瞳孔读入信息,这需要使用者在距离照相设备半英寸(1英寸≈2.54厘米)的范围内调整他(她)的眼睛。使用者的眼睛按照旋转绿光的指示移动,以保证视网膜图形400个点的测量。相比较而言,指纹测量仅需30~40个特别的点用来做注册登记,产生身份识别模板和进行验证。与大多数其他生物识别方法相比,这带来了非常高的精确度。

错误接受率会低至0.0001%。当然,生物识别精度的计算方法有许多种,0.0001%的错误接受率将会导致较高的错误拒绝率。错误拒绝率是测量系统错误地拒绝某授权使用者的概率。

(三)视网膜识别技术在产品中的应用

视网膜识别技术的典型应用如视网膜扫描显示器。视网膜扫描显示器可对微光照射下的视网膜进行高速扫描。使用者可将视网膜上扫描到的光的残像识别成影像。也可以说该产品是以视网膜为屏幕的投影仪。与使用液晶面板等的普通头盔显示器相比，该产品具有不遮挡视野的特点，可重叠看到影像和实物。

视网膜扫描显示器由大尺寸光源模块、光扫描模块及目镜模块三部分组成。该产品主体部分包含其中的光扫描模块和目镜模块。采用这两种新开发的模块，大幅实现了小型化、轻量化。

光扫描模块小型化得以实现，是因为开发出了采用 MEMS 技术的反光镜模块。该反光镜模块大小为 12mm×8mm×2mm。所配直径约 1mm 的 MEMS 反光镜可在变化角度的同时高速旋转，因此可扫描来自光源的光。MEMS 反光镜的光学偏转角约为 20°，驱动频率约为 30kHz。驱动采用压电方式。目镜模块通过组合使用非球面透镜，实现了小型化。

二、掌形识别技术及其应用

（一）掌形识别技术简介

1. 掌形识别技术的发展

掌形识别技术是生物识别技术中的一种。现代生物识别技术从 20 世纪 60 年代开始兴起，最早从指纹识别技术研究开始，到 20 世纪 90 年代初先后出现了虹膜识别技术、掌形识别技术等。研究人员经过生物特征识别技术实验后，首次发现人类手掌的立体形状，就如同指纹一样，是每个人都互不相同的可以作为身份确认的识别特征，经过十多年的发展，目前采用掌形识别技术的产品的精确度、稳定度和实用性均已获得市场的肯定。指形识别则是掌形识别的简化，掌形识别扫描整个手掌，指形识别扫描两个手指。这样设备就可以缩小，成本会降低，但安全性也会相对降低。

采用掌形识别技术的产品目前在生物识别领域占有一定的份额。

2. 掌形识别技术的优缺点

掌形识别技术的优点：比对速度快；掌形扫描的不能录入率很低；需要的计算机存储空间很小。

掌形识别技术的缺点：受掌的相似性的影响，辨别力低；掌形识别技术不像指纹、面相、虹膜等识别技术那样容易获得内容丰富的数据，不能完成一对多的识别；掌形识别技术的易用性不如其他生物识别技术，因为使用者需要知道自己的手应怎样摆放，需要花费一定时间来学习；由于使用者必须与识别设备直接接触，这可能会带来卫生方面的问题。

3. **掌形识别技术的应用领域**

①高端门禁。国家机关、企事业单位、科研机构、高档住宅楼、银行金库、保险柜、枪械库、档案库、核电站、机场、军事基地、保密部门、计算机房等重要场所的出入控制。

②公安刑侦。流动人口管理、出入境管理、身份证管理、驾驶执照管理、嫌疑犯排查、抓逃、失踪儿童寻找、司法证据获取等。

③医疗社保。献血人员身份确认，社会福利领取人员、劳保人员身份确认等。

④网络安全。网络访问、电脑登录等。

⑤其他应用。考勤、考试人员身份确认等。

（二）掌形识别技术原理

掌形识别技术是通过使用者独一无二的手掌特征来确认其身份的。手掌特征是指手的大小和形状。它包括长度、宽度以及手掌和除大拇指之外的其余四个手指的表面特征。首先，掌形识别必须获取手掌的三维图像，然后系统对图像进行分析以确定每个手指的长度、手指不同部位的宽度以及手指的厚度。总而言之，从图像分析可得到90多个掌形的测量数据。

系统将对这些数据进行进一步的分析，最终得出手掌独一无二的特征。这些独一无二的特征，如一般来说，中指是最长的手指，但如果图像表明中指比其他手指短，那么掌形识别系统就会将此当作手掌一个非常特殊的特征。这个特征很少见，因此，系统就将此作为该人比较模板的一个重点对比因素。

当系统新设置一个人的信息时，将建立一个模板，连同其身份号码一起存入内存。这些模板作为将来确认某人身份的参考模板之用。当人们使用该系统时，要输入其身份号码。模板连同身份号码会一起被传输到掌形识别系统的内存中。使用者将手放在上面，系统就产生该手的模板。这个模板再与参考模板进行比较确定两者的吻合度，比较结果被称为"得分"。两者之间的差别越大，"得分"越高，反之亦然。如果最终"得分"比设定的拒绝分数极限低，那么使用者将可以进入。反之，使用者将被拒绝进入。

（三）掌形识别技术在产品中的应用

1. **常见的掌形机**

掌形机的特点包括安全；比IC卡系统更省钱；快速易用；不需要用卡片，使用更便利等。

与指纹机相比，在都具有唯一性、随身携带性、无法替代性、不可抵赖性的同时，掌形机另有下列无可替代的三大优势。第一，100%一次性通过，无人群盲点。不会出现类似指纹因有些人无法识别或很难识别而不能正常开门的情况。第二，绝对的可靠性。掌形机提取的特征点有90多个，包括手掌的三维，除拇指外其他手指表皮特征等；识别技术靠红外扫描和CCD成像。而指纹通常只有30多个特征点；值得注意的是，防伪性较好的半导体芯片容易遭受破坏和磨损，而稍稳定耐用的光学指纹头对假手指、假指纹的拒伪识别性差。第三，耐用性好，不怕磨损，使用寿命长。深圳证券交易所目前所用的掌形机寿命已超过5年，运行状态良好。

2. 掌形考勤系统

掌形考勤系统是集人事管理、排班管理和考勤管理于一体的系统。该系统利用掌形识别技术进行人员考勤，不但杜绝了"代打卡"现象，而且其功能强大的考勤管理软件更为人事部门的考勤统计提供了便捷的方式，真正实现了考勤、人事和薪资管理的科学化和智能化。

该系统具有以下特点。第一，杜绝"代打卡"：员工只能用自己的手掌进行考勤，避免了不必要的人事纠纷，体现了考勤管理的公正性和准确性。第二，节约成本：节约了人事作业与更换、补发考勤卡的成本。第三，操作简便：员工考勤方便、简单，同时可避免员工的抵触情绪。第四，时间优化：优化了以往只能打一次考勤的方式，无论打几次，系统都会自动分配最佳的考勤时间。第五，界面友好：用户界面友好，能直接显示异常情况（包括迟到、旷工、请假、早退、加班、休假、出差）及其详细信息（实际时间、班次时间等）。第六，自动备份：数据库可无限扩充，只要硬盘空间允许，可按月份保留所有数据，不存在丢失考勤卡的可能，数据流失概率较小。第七，连接方式灵活：可单机、多机或联网使用。第八，动态排班：排班规则灵活多变，可按用户需求设定考勤次数、不同班次时间和跨日班次。既可用于学校、机关等工作班次单一固定的考勤管理，又可用于宾馆、医院、工厂等工作班次灵活多变的考勤管理，普遍适用于各个企事业单位。第九，门禁管理：可增加门禁功能，提高安全性，防止公共财产遭受损失。第十，资料维护：能进行员工人事基本资料维护，并为工资结算预留接口。

3. 掌形识别门禁系统

掌形识别门禁系统只认可授权人本身，其他人一概拒绝，完全杜绝了推销人员或非法人员的进入。同时也不会有丢失钥匙、卡或遗忘密码的担忧。

掌形识别门禁系统具有以下特点。第一，分别管理：住户经掌形识别系统验证身份后进入楼内，客人则经过对讲系统由住户开启大门后进入。第二，多种报警功能：胁迫报警，当人员受到胁迫时，可在输入ID号的同时输入胁迫码，门禁系统正常使用，但中控室层会发出报警，有效保障了人员的人身安全；盗用报警，当有人盗用他人 ID 号企图进入时，中控室内的主机会发出报警；断电/断线报警，掌形仪连接线路中断时或掌形仪断电时，主机会马上发出报警；反拆卸报警，当掌形仪被恶意拆卸时，主机会发出报警。第三，控制灵活：既可单机操作，又可通过 RS422/483 总线、以太网与中央计算机连接进行联网管理，还可与监控和报警系统联动，对人员的出入情况进行实时监控、实时记录。第四，可与读卡设备连接：掌形识别系统既可通过输入 ID 号单独使用，又可与读卡设备连接使用，从而在发挥生物识别技术独一无二的优势的同时，还能与小区的"一卡通"工程紧密配合。

三、笔迹识别技术及其应用

（一）笔迹鉴别

笔迹是书写动作通过书写工具在书面上留下的痕迹，是每个人字所特有的形象。笔迹，可以反映出书写人或撰稿人的用词造句习惯，即书面语言习惯，此外还可以反映出书写人的文字布局习惯。

笔迹鉴别（笔迹检验）即通过对可疑笔迹和嫌疑人的笔迹进行比较鉴别，确定是否为同一人的笔迹，或确定检材是否为某人书写的一项专门技术，其任务就是要通过研究笔迹中反映的书写动作、习惯特征、文字布局和书面的语言特征，分析时间情况，为诉讼提供线索和证据。

书写习惯是经过长期练习和书写实践活动逐渐形成的一种技能，是由语言、文字作为主要刺激物在大脑皮层建立起来的一种巩固的动力定型。

书写习惯与笔迹两者是客体与客体反映对象的关系。书写动作表现为笔迹，而书写习惯寓于书写动作之中。书写习惯只有通过笔迹才能表现出来，才能被认识和运用。因为没有笔迹就无从考察书写习惯，认识书写习惯必须从研究笔迹入手。笔迹鉴定就是通过分析比较检材笔迹与供鉴定人的样本笔迹，确定两者是否为同一人书写习惯体系的反映，从而根据习惯体系的异同，肯定或否认检材笔迹的书写人，为司法活动提供有力的依据。

书写习惯本身具有特殊性和相对的稳定性，书写习惯的特定性表现在，每个书写人的书写习惯体系是特定的，与其他人都不相同，一个人书写一定的文字手稿，在其反映出的书写动作、文字布局、书面语言三方面习惯中，有一部分习惯是很多人共有的，有一部分习惯是一部分人少有的，甚至是特有的，那些共有的、少有的、特有的书写习惯便构成各人书写习惯体系，是个习惯区别于另一习惯的本质。同时，书写习惯又有其相对的稳定性，其习惯体系能在一定时期内保持稳定而不发生根本的改变。书写习惯的相对稳定性是笔迹鉴定的一个不可缺少的条件。书写习惯体系可能受到主客观条件的影响而发生改变，如生理因素、心理因素、书写工具以及个人可以伪装等，但从总的方面讲，在一定时期内，这些改变不会对鉴定造成根本性的影响。

1. 笔迹特征

笔迹特征是书写习惯的反映。笔迹特征与书写习惯二者是反映与被反映的关系，即客体与反映形象的关系。笔迹鉴定中最常见的文字符号是汉字、拼音文字、阿拉伯数字等。根据汉字的结构和书写特点，汉字笔迹特征分为书写动作一般状况特征、文字布局特征和书面语言特征。

书写动作局部特征是书写动作习惯的直接反映，是书写动作的空间位置特点、动作形态特点、动作顺序特点和由若干书写动作所构成的文字结构整体特点的集中反映。书写动作局部特征是笔迹鉴定认定书写人的主要依据，具体包括如下几方面：

（1）运笔特征

书写汉字的运笔动作，包括起笔、行笔、收笔三个方面，书写任一笔画都要经历这三个阶段，所以运笔特征也相应表现在起笔特征、行笔特征、收笔特征、笔力特征和笔画基本形态特征五个方面。由于一个起笔、行笔、收笔动作不同，整个笔画构成特殊形态，称为笔画基本形态特征，亦称笔形特征。如点画形成竖点、横点、弧形点、撇画点等。运笔动作则是最精细、最复杂的书写动作，所以运笔特征特定性强，稳定程度大，鉴定价值高，被喻为"特征中的精华"。

（2）笔画交叉、搭配、连接特征

笔画间存在相交、相连、相邻三种关系，由此形成笔画交叉特征、笔画连接特征、笔画搭配特征。笔画交叉特征是两个以上笔画交叉或相互接近形成的特点。笔画搭配特征是指笔画间的相互位置及长短大小关系的特点，包括笔画相互间比例关系特征和独体字整体关系特征两方面。笔画连接特征是指两个以上笔画构成独体字或合体字组成部分，运笔过程中无停笔、收笔动作，由两笔完成几个笔画所形成的连接动作特点。笔画交叉、连接、搭配特征是个人书写习惯体系中比较特殊和稳定的部分，是笔迹鉴定的重要依据之一。

（3）字的结构特征

字的结构特征是指合体字各个组成部分及其相互关系的特点。独体字是由单个笔画直接构成的单字；合体字是由单个笔画组成结构单位，再由两个以上的结构单位组成的单字。合体字的结构特征的表现形式主要有以下三个方面：①结构单位的书写形式。按照汉字的书写规范，同一种书体的单字，各个组成部分都有标准的书写形式,但由于书写习惯体系的差异,可能表现出不同的书写形式特征。②结构单位间的比例关系。书写汉字时各个结构单位要求有合理的搭配比例,但大多数人的习惯突破了这种制约,其特征表现形式如过于紧凑、过于松散、左右不对称、上下大小不协调、内紧外松、外紧内松等。③违反组字规则的变异结构。书写人由于长期受到错误书写练习或地区习惯的影响,形成了与组字规则不相符合的变异结构特征。

(4) 笔顺特征

笔顺特征是指没有按照阿拉伯数字、汉字笔顺规则和组成部分书写顺序规则书写形成的特点。表现为特殊的笔画顺序,如先竖后横、先捺后撇、先挑后钩等。又如突破单字的连写规则,将单字主要部分和笔画连写完之后再补写个别应预先写的笔画。

(5) 特殊字

特殊字是指规范字体体系中不存在但又在一定地区、一定人群中使用的字。如错字、地方字、行业字、生造字、外来字等,多数是共性习惯的表现,属于种类性质的特征;少数是个人特有的习惯,因而有较高的鉴定价值。

综上所述,书写动作局部特征,在实践中常常为笔迹鉴定提供有力的依据,对笔迹鉴定活动的开展有着重要的意义。

2. 笔迹鉴定的方法步骤

笔迹鉴定是同一认定鉴定,整个鉴定过程可以分为分别检验、比较检验、综合判断三个阶段,每个阶段都有相应且不同的方法。

(1) 分别检验

分别检验是发现与确定检材笔迹与样本笔迹各自的特征。

第一,判定检材笔迹特征的真实程度。根据检材笔迹的特点和案情,准确地判断笔迹特征的变化或伪装以及变化或伪装的原因与程度。如果检材笔迹熟练程度一致,书写水平与语文水平相适应,运笔自然,笔画间搭配比例协调,书写动作规律性强,即可认定其为正常笔迹。如果检材笔迹的大小与斜度程度不均匀,书写速度不一致,运笔不自然,笔画转折生硬但书写动作有一定体系,相同的单字,笔画特征基本一致,说明它是受客观因素或除伪装以外的其他主观因素影响形成的变化笔迹。如果检材笔迹熟练程度不一致,书写动作不成系统,笔画弯曲、断续,且有停顿、修描痕迹,字的结构与形态不正常,动作技巧能力与语文水平不相称,一般可判定其为伪装笔迹。

第二,发现和确定检材笔迹特征。发现书写动作局部特征,要对检材字迹逐字、逐笔画进行对照观察,找出其书写动作的规律性,其中非规范性的部分就是特征。

第三，发现和确定样本笔迹特征。初步判定检材笔迹特征之后，可以此为依据，按照上述顺序和方法确定样本笔迹特征。与检材笔迹相同的特征和不同的特征都要全面寻找、对照。

（2）比较检验

比较检验的主要任务是确定检材笔迹和样本笔迹二者之间的相同特征与不同特征，为综合评断提供依据。

比较检验的内容有四个方面：①比较书写动作一般状况特征、文字布局特征、书面语言特征的相同与不同；②比较单字或笔画单个特征的相同与不同；③比较各组特征的相同与不同；④比较各类特征的相同与不同。

比较检验时要对上述四方面的相同特征和不同特征进行精确的统计分析，用数学方法反映书写习惯的量与质方面的异同。

比较笔迹特征异同的方法，是以目力观察比较为主，并借助于摄影仪、比较显微镜、幻灯片进行形态比较。

（3）综合评断

综合评断是对检材笔迹与样本笔迹的相同特征与不同特征的价值进行科学分析，确定二者符合点与差异点的总和及其性质，进而做出鉴定结论。评断的方法，一般从研究差异点开始。鉴定任何笔迹，都会出现一定的特征差异。评断差异点的要点，是要确定差异点的性质。其性质有本质差异和非本质差异两方面。非本质差异说明检材笔迹与样本笔迹不同特征数量与质量所占的比例较小，本质差异表明二者不同特征数量与质量所占比例较大。

笔迹鉴定既要重视对差异点的评断，又要重视对符合点的评断，不能片面地否定一方面就盲目地肯定另一方面。符合点也有本质的符合和非本质的符合之分，如果检材笔迹与样本笔迹相同特征的数量、质量占绝对优势，即构成本质符合性质；如果二者相同特征在数量、质量方面占的比例小，即属于非本质性质的符合。经过差异点和符合点的评断，如果检材笔迹与样品笔迹之间，出现了本质符合和非本质差异，或者本质差异与非本质符合的结果，即可做出检材笔迹与样品笔迹是同一人书写或不是同一人书写的确切结论。

（二）笔迹识别技术简介

1. 笔迹识别技术概述

签名作为身份认证的手段已经用了几百年了。将签名数字化的过程包括将签名图像本身数字化，以及记录整个签名动作每个字母以及字母之间不同的书写速度、笔序和压力。签名识别和语音识别一样，是一种行为测定学。

2. 国内外研究现状与发展趋势

笔迹鉴定作为一种个人身份辨识的有效手段有着重要的作用，随着经济的日益发展，它在政治、经济、文化等领域，都有着广泛的应用前景，随着人们相互往来的日益频繁，如何高效、准确地进行笔迹鉴定就显得更加重要。在我国，笔迹鉴定尤其是对汉字的笔迹鉴定研究，得到了众多学者的关注。目前，许多场合都使用人工鉴定方法，其效率不但低下，而且在鉴定过程中容易掺入人为的感情因素，因此，其结果不一定可靠。鉴于此，研究人员提出了利用计算机进行自动鉴别的方法。

计算机笔迹识别系统近几年在国内外都有一定的发展。首先，科研成果为笔迹鉴定提供了理论依据。例如，巴甫洛夫关于高级神经活动的学说使人们得以从理论上阐明笔迹同一认定的科学基础。其次，显微镜等科学仪器的使用大大提高了笔迹检验的精确度。最后，实践经验的积累使人们对笔迹特征的认识越来越深入，对笔迹特征的分类越来越合理，这些都提高了笔迹鉴定的科学性。在司法实践中，笔迹鉴定已经成为人身识别的重要途径之一。

用于区分不同语言的文字种类识别已成为国内外研究的热点，字体识别和文字种类识别是一个相近的问题。将文本图像看作一种纹理，使用多通道 Gabor 滤子技术对文本图像滤波后提取其纹理特征，该方法在文字种类识别中非常有效，但是计算很复杂。在水平和垂直方向定义了四种文本尺寸以区分中、日文与拉丁文，中、日文之间以撇和捺的方向属性来区分，五种拉丁文之间以特征字符集和相关熵模型来区分，这种对不同对象采用不同特征的识别方法具有较高的精度，但却只能用于文字种类识别而不能用于同种语言间的字体识别。

手写体的计算机自动笔迹鉴定的首要成果是字符的识别，即识别字符本身，而不是根据字来识别书写者，字符识别已接近实用水平。其次是签名鉴定，在签名鉴定中，比较有效的方法是动态方法，动态方法不仅利用书写的结果还要求计算机知道书写的过程，如运笔的速度、笔的压力、握笔的姿态等。签名鉴定在国外的银行领域中已接近实用水平。对于公安、安全及法庭等领域要求的笔迹鉴定而言，疑问文档的获取是静态的、非固定的，甚至是文本独立的，因此将文字识别与签名鉴定的成果直接应用于疑犯鉴别领域的难度较大。手写体计算机自动笔迹鉴定的第三个层次即为笔迹鉴定。计算机笔迹识别系统与传统笔迹鉴定的区别见表 2-2 所示。

表2-2 计算机笔迹识别系统与传统笔迹鉴定的区别

项目	传统的笔迹鉴定	计算机笔迹鉴定系统
识别工作量	大	小
识别形式	主要是依靠"手工"操作的方法，人工描字、制作检验记录（比对表），再根据个人对特征的认识及分析、比对、综合评断，靠鉴定人主观意识的分析、判断做出鉴定结论	半自动化或全自动化地挑选检材样本中的特征字或相同字，按相似顺序排列，自动生成比对表，记录笔迹特征具有客观性
工作效率	在检材数量大的情况下，工作效率低、识别速度慢、误识率高	在检材数量大的情况下，工作效率高、识别速度快、正确率高
识别环境	简单，识别结果极易受到外界因素的干扰。如鉴定人员的专业知识、业务水平、思维方式、工作态度、情绪、精神状态等	不易受到外界干扰，具有很高的独立性、封闭性
统一标准	没有一个综合评断及分项评断可定量分析、计算的科学统一标准	在比对的过程中有统一的标准
识别的准确性	准确性低	准确性高

3. 笔迹识别技术的优缺点

笔记识别技术的优点：使用笔记识别更容易被大众接受，而且是一种公认的身份识别的技术。

笔记识别技术的缺点：①随着年龄的增长，性情的变化与生活方式的改变，笔记也会随着而改变；②为了处理笔记的不可避免的自然改变，必须在安全方面予以妥协；③用于签名的手写板结构复杂，而且和笔记本电脑的触摸板的分辨率有着很大的差异，在技术上很难将两者结合起来，难将它的尺寸小型化。

（三）笔迹识别技术原理

计算机笔迹识别主要分为在线和离线两类。离线笔迹识别的对象是写在纸上的字符，通过扫描仪和摄像机转化为计算机能处理的信号；而在线笔迹识别则通过专用的数字板或数字仪实时地采集书写信号，它不仅可以采集到笔迹序列并转化成图像，还可以记录书写的压力、速度等信息，可为笔迹鉴别提供更丰富的信息（广泛用于电子商务和电子政务）。

根据考察的对象和提取特征的方法，计算机笔迹识别可分为文本依存和文本独立两大类。前一种方法是依赖于文本内容的，从检材（检验）笔迹和样本（参考）笔迹中选择相同的单字（称为特征字）、相同的偏旁部首（特征字元）进行比较，即在相同字的基础上鉴别，因而是依赖于文本内容的，可以提取更多的特征并对字符进行细致深入的分析，故理论上可得到比文本独立方法更高的鉴别率和可靠性。但自动分割、定位、识别与提取检材笔迹和样本笔迹材料中写法完全相似的所有特征字与特征字元（部首、偏旁、笔画），有一定难度的，因而影响识别率和可靠性；同时这种与内容有关的方法要求被识别的文字是固定的，以至于在某些情况下，根本就不能完成实际任务。

用笔迹进行身份识别的目的是鉴别出某一笔迹的风格，所以不必关心具体的笔迹内容。离线且文本独立（与内容无关）的笔迹识别方法，它的特点是利用纹理分析来提取笔迹的特征。

诸多研究者发现，文本独立的笔迹鉴别技术具有得天独厚的应用前景：笔迹鉴别技术本身可以广泛应用于公安、司法、金融等领域。如果能够摆脱书写内容的限制，对文本独立的笔迹进行高准确率，高效率的鉴别，那么笔迹鉴别将进入一个新纪元。对于文本独立的笔迹来说，即使公开特征编码和笔迹样本，进行笔迹模仿也很难实现。另外，文本独立的笔迹鉴别系统由于对笔迹特征编码保密性的要求大大降低，其维护成本将会大幅减少。

（四）笔迹识别技术在产品中的应用

1. 笔迹在线鉴别系统

笔记在线鉴别系统通过手写板采集书写过程中的时间、压力、位置等相关信息，然后采用基于笔画分割的笔迹分析处理程序提取书写者书写风格特征，最后通过与笔迹特征库中的特征进行匹配，得到书写人鉴别结论。

目前该系统正在探索的方向包括书写时间与书写特征之间的关系，以及不同的书写环境对书写风格的影响。由于文化背景等的差异，西方国家对于东方文字鉴别问题研究其少，因此相关问题的研究机构主要分布在亚洲，目前在研究成果上比较领先的国家和地区包括韩国、中国、泰国、日本、新加坡等，中国具有领先的技术优势和巨大的市场潜力，这为进行笔迹鉴别的研究奠定了坚实的基础，营造了良好的氛围，我国应充分利用这些优势，尽早开发出自己的笔迹鉴别系统，从而推进生物识别技术的发展。

2. IBSD全自动实时笔迹识别系统

ISBD全自动实时笔记识别系统完全模仿人工识别的方法，完全吻合人工识别的工作习惯，并经过大量的笔迹数据（10万份笔迹）的训练、测试，正确鉴别率达99%以上。

（1）IBSD全自动实时笔迹识别系统的特点

①文档图像的多种输入方式：扫描仪、摄影机、数码相机及其他数据库

导入。②强大的图像处理功能：图像数据预处理（彩色与黑白图像二值化、背景滤波灰度与彩色、行字自动分割、图像压缩），特征字与特征字元的自动分割、定位、识别与提取，笔迹文档整体布局特征、整体书写风格特征以及特征字与特征字元等局部特征的自动抽取和融合分类判决等运算处理，自动识别和找出两份笔迹文档中所有相同的字，自动识别和找出两份笔迹文档中写法完全相似的所有特征字与特征字元。③笔迹文档的自动建档与检索（包括疑问文档与身份文档）。④鉴定结果的定性与定量解释。⑤实现疑问文档的自动核实、辨别等多种功能。笔迹数据库容量可不断扩充，对扩充变档，可进行自动学习和训练。

(2) IBSD全自动实时笔迹识别系统应用领域

①公安局、检察院、法院系统，如疑问文档书写者的身份鉴定，合同文书、遗嘱、匿名信件、医疗纠纷处方、授权委托书的法庭鉴定。②银行支票及信用卡交易中心的签名鉴定。③电子商务的签名鉴定等。

四、静脉识别技术及其应用

(一) 静脉识别技术简介

1. 静脉识别技术概念

科学研究表明所有人的静脉都不一样，既然这样就可以利用静脉来对各个不同的人进行识别，静脉识别也就成为自动识别技术中的一种。静脉识别技术也是通过红外线摄像机采集稳定的静脉图作为数据仓库的，当需要识别时利用静脉图采集器收集静脉图并通过与预先收集好的静脉图做比较来达到识别的目的。

2. 静脉识别技术与其他技术的对比

静脉识别技术已经成为当今数字生活中的一种身份鉴别系统，也有人预言它是未来生物识别技术的主流之一。在已经投入使用的生物识别技术中，运用比较多的是指纹识别和虹膜识别，而这种通过分析人体皮肤下面的静脉血管分布情况来识别主人身份的技术，大多数人还未曾了解过。以下将静脉识别技术与其他技术进行对比，总结其具有的优势。

(1) 其他技术的缺点

指纹识别技术对环境的要求很高，对手指的湿度、清洁度等都很敏感，脏、油、水都会造成识别不了或影响识别的结果；某些人或某些群体的指纹特征少，甚至无指纹，所以难以成像；对于脱皮、有伤痕等低质量指纹存在识别困难、识别率低的问题，对于一些手上老茧较多的体力劳动者等部分特殊人群的注册和识别困难较大；每一次使用指纹时都会在指纹采集头上留下用户的指纹印痕，而这些指纹痕迹存在被用来复制指纹的可能性；每一次采集都会给机器造成磨损；指纹识别时方向要求较高，方位要正，不要斜着刷，用指肚而不是指尖，否则识别不上；指纹识别设备成本仍然较高等。

虹膜识别技术一个最为重要的缺点是它没有进行过任何的测试，当前的虹膜识别系统只是用统计学原理进行了小规模的试验，而没有进行过现实世界的唯一性认证试验；设备体积较大，未来也很难将图像获取设备的尺寸小型化；因聚焦原因而需要昂贵的摄像头，系统成本较高；使用时需要比较好的光源；对黑眼睛识别比较困难；镜头可能会使图像畸变而使得可靠性大为降低；使用者容易存在心理上的排斥感。

人脸识别的使用固然简便，它不需要被动配合，可以用在某些隐蔽的场合，利用已有的人脸数据库资源，可更直观、更方便地核查该人的身份，成本也比较低，但其缺点也是显而易见的。人脸的差异性并不是很明显，误识率可能较高；对于双胞胎，人脸识别技术不能区分；人脸的持久性差；人的表情也是丰富多彩的，这也增加了识别的难度；人脸识别受周围环境的影响较大。

（2）静脉识别技术的优点

所有人的静脉都是不同的，即使是长相非常相像的双胞胎的静脉图也不会相同，而且这种差异在他们的一生中都不会消失。在成长过程中，静脉也在成长，然而静脉不会发生根本性变化。在成年阶段，静脉是稳定且几乎不发生变化的。虽然在成长过程中，静脉也随时间在成长，但静脉的成长变化非常缓慢，为适应此种缓慢的变化，静脉识别系统有一种"动态模型更新"功能，在每次比对时，使用者的静脉图形数据会得到更新，"动态模型更新"功能使得静脉识别系统对身份的识别更准确。

静脉分布由于藏匿于身体内部，其特征属天赋密码，不会遗失，不会遗忘，因此不存在仿制或失窃的风险。

静脉识别技术是高精密判断，外部污染、轻伤等影响人类手部表面的皮肤条件不会对认证工作造成影响，识别速度快。静脉识别系统对手指温度和湿度的变化不敏感，对手指清洁度没有要求，不会受脏、油、水等因素的影响，误识的可能性小。

非侵入性和非接触性成像技术的采用，可以确保使用者的便捷性和清洁性。不需要直接接触，使用者只要将手掌展开，在识别器上晃一下即可。非接触性使用方式，不会被复制，不会被窥视，使用更安全。而且非接触性在减少设备被污染的同时，也避免了细菌的交叉传播，既卫生又安全，容易被大众接受，非常适用于公共场所使用，并且极大地提高了识别速度。

由于静脉形状的相对稳定性和捕捉图像会影响其清晰性，所以可对低分辨率相机拍摄的图样资料进行小型的简单数据处理，其准确率比指纹识别还高。该技术的设备使用红外光，不需辅助光。使用时不受天气地点的影响，夜里或树荫下光线不足时，红外光线都会自动扫描，一般在晴天和多云天气下，静脉识别装置都可正常使用。

3. 静脉识别技术分类

静脉识别技术分为两种：一种是手背静脉识别，一种是手指静脉识别。

二者具有各自的优势。较之于手背的静脉认证，手指静脉识别设备的工艺要求高、体积较小，手指静脉认证的可信度较高。而且，相比手背认证，手指认证有更多保障。相较于手指静脉识别，手背静脉识别的范围更大，准确率也更高，位移偏差较小，采集容易。相对的，安全性比手指静脉识别率更高，但设备体积较大。手背静脉识别的错误接受率低于0.00008%，错误拒绝率为0.01%。

（二）静脉识别技术原理

1. 手指静脉识别技术原理

根据血液中的血红素有吸收红外线光的特质，将具有红外线感应度的小型照相机对着手指进行摄影，即可照着血管的阴影处摄出图像来。将血管图样进行数字处理，制成血管图样影像。静脉识别系统首先通过静脉识别仪取得个人静脉分布图，并依据专用比对算法提取特征值，然后通过红外线CCD摄像头获取手背静脉的图像，并将静脉的数字图像和特征值存储在计算机系统中。静脉比对时，实时采取静脉图，提取特征值，运用先进的滤波、图像二值化、细化手段对数字图像提取特征，同存储在主机中的静脉特征值进行比对，采用复杂的匹配算法对静脉特征进行匹配，从而对个人进行身份鉴定，确认身份。全过程采用非接触式。

手指静脉识别采用了行业领先的光传播技术来进行手指静脉比对和识别的工作。近红外线穿过人类的手指时，部分射线就会被血管中的血色素吸收，从而捕捉到独有的手指静脉图样，然后再和预先注册的手指静脉图样进行比较，对个人进行身份鉴定。

光传播技术可以确保能够摄到高对比度的手指静脉影像，而不受皮肤表面的褶皱、纹理、粗糙度、干湿度等任何缺陷和瑕疵的影响。手指静脉图样对比由于只需要少量的生物统计学数据，因此能快速和精准识别个人身份。

2. 手指静脉识别技术产品

（1）手指静脉扫描仪

手指静脉扫描仪主要用于分析静脉结构，与医院中进行的静脉扫描测试完全不同。医用静脉扫描通常使用放射性粒子，而生物识别安全扫描只是使用一种与遥控器发出的光线相类似的光线。

（2）配备手指静脉识别的自动提款机

当人们将自己的手指按在自动取款机的某个指定区域时，指纹扫描仪附带的传感器会马上获得感知，扫描仪会从不同方向向手指发出类似红外线的光束，人们的指纹在这些光束的照射下会在机器中形成一个三维图像。随后，扫描仪附带的一个摄像机镜头会拍摄下这个图像，并将其转变成可供与数据库信息进行比对的数据资料。

手指静脉识别技术消除了银行卡丢失、密码遗忘等引发的相关问题。银行也可利用手指静脉识别系统对柜台和金库进行有效管理。

（3）门禁

手指静脉识别系统可以防止公司信息泄露，并可阻止未能通过识别的人员进入家中或办公楼内。这种系统还可与公司员工卡或防盗监视器配合使用，以便实施多重安全性能控制。

（三）静脉识别技术在网络门锁中的应用

1. 网络门锁介绍

网络门锁是基于无线射频识别技术、微控器及相关电子技术、现场总线及系统网络集中管理等高技术的产品。网络门锁系统集门锁、控制器系统、管理系统于一体，通过 RS-485 总线联网工作；并可以由以太网实现局域控制体系；具有集中授权、统一管理、实时监控、分级分区域管制、记录统计查询、打印、常开常闭紧急开门、报警等诸多功能；具有成本低、外形美观、便于安装维护、安全方便等优点。

网络门锁为学校、机关、酒店、办公楼等场所提供了一种管理机制更为完善、使用更为方便、安全性能更强的门锁解决方案，尤其适合学校这种密集联网型应用的场合。

网络门锁使用 IC 卡代替传统的机械钥匙开锁，有的网络门锁也采用 IC 卡和密码键盘相结合的方式代替钥匙开锁。在网络门锁开锁方式中加入生物识别技术更进一步丰富了电子门锁的功能。目前采用指纹作为网络门锁开锁的方式已经出现。但是，指纹识别技术本身也具有其先天缺点，如安全问题、卫生问题等。因此，将安全性更高且不需要接触的静脉识别技术引入网络门锁系统是一个有意义的全新尝试。

2. 使用掌心静脉识别的网络门锁

使用掌心静脉识别的网络门锁由主控制器、分控制器、键盘读卡器、转换器、修改器、发卡器、电源系统、管理软件、卡片、电锁、布线网络、电脑、电源以及掌心静脉识别模块及其配套软件等构成。

此网络门锁系统不仅融合了无线射频识别技术和微处理器技术，改变了过去传统的钥匙开锁的方式，用全球唯一的 ID 号码作为身份识别信息（相当于钥匙），还在此基础上，将人体掌心静脉纹路作为合法标志，利用先进的电子技术，进行身份的识别辨认，完成开锁功能。

在加入掌心静脉识别单元之前，系统以主控制器为控制中心。分控制器负责识别卡号密码信息，将其传送给主控制器以及执行开锁、关锁的动作；主控制器负责识别卡号密码的合法性及发出开锁关锁的命令；读卡器是用户直接接触的设备，其功能就是识别出卡号及供用户输入和修改密码。

为了最大限度地兼容原有网络门锁系统，在少改动硬件和不改变管理软件的基础上配备掌心静脉识别单元。这里采用的方法是使用掌心静脉识别单元在读卡器所在位置替换读卡器。为了兼容管理软件，这里还引入了一个"虚拟卡号"，即用户在注册掌心静脉信息时，注册系统同时给这个用户分配一个"虚拟卡号"（和原有 IC 卡的卡号对应）。当用户通过掌心静脉识别单元开锁时，掌心静脉识别单元先判断这个用户是否为合法用户，如果是合法用户，掌心静脉识别单元就会找出这个用户对应的"虚拟卡号"，将"虚拟卡号"作为参数通过串口发送给分控制器。由于采用的通信协议和格式都和读卡器发送给分控制器的一样，因此分控制器会接收到来自识别单元发送的识别成功信号。它不分是来自读卡器还是来自掌心静脉识别单元，都按来自读卡器的方式处理，这样"虚拟卡号"就通过掌心静脉识别单元代替了 IC 卡。由于用虚拟卡号代替了实际的 IC 卡，因此分控制器以上的软硬件单元都不需要做任何改动。

此网络门锁除了具有以上功能，还可以通过网络管理中心实时监测用户的开锁动作及时间，并可以定时采集记录信息，方便快捷。

五、声纹识别技术原理及其应用

（一）声纹识别简介

声纹是用电声学仪器显示的携带言语信息的声波频谱。语言的产生是人体语言中枢与发音器之间一个复杂的生理物理过程，身体在讲话时使用的器舌、牙齿、喉头、肺、鼻腔在尺寸和形态方面每个人的差异很大，所以任何两个人的声纹图谱都有差异。每个人的语音声学特征既有相对稳定性，又有变异性，不是绝对的、一成不变的。这种变异可以来自生理、病理、心理、模拟、伪装，也与环境干扰有关。

声纹识别，也称说话人识别，就是根据人的声音特征，识别出某段语音是谁说的。声纹识别分为话者辨认和确认。辨认是从有限的话者集合中分辨不同的人，系统性能随着话者集合增大而降低；确认是系统只给出接受或拒绝两种选择。

声纹识别类似于指纹识别。指纹经过数字化处理以后，以人的手指表面皮肤纹理图像的形式存储于计算机。假如我们从犯罪现场提取罪犯的指纹，然后和计算机所存储资料对比，或者与嫌犯的指纹对比，就可以确定罪犯的身份或者犯罪证据。同样声音也携带着每个说话人的个体信息。所谓声纹是指能唯一识别某人或某物的声音特征。

然而，只是理解声纹还是不够的，人们只有准确地知道声纹的具体参数，才能准确地从很多人中辨认出说话者是谁，或者是什么东西发出的声音。如何提取声纹，怎样提取才能保证识别的准确性，有了声纹如何比对，怎样处理和分离海量声频数据中的其他不相关信息，都是这项技术实现的难点。

其实声纹识别是一种广义的语音识别。在司法、公安、通信等领域具有重要的应用价值。近年来这一技术发展迅速，已经出现了一些实用系统。

目前，声纹识别一般利用话者语音波形中特有的个体信息（声纹），自动识别话者身份。从学术研究的角度上讲，它属于统计模式识别和人工智能应用领域。

从处理的语言内容上看，声纹识别又分为限定文本和非限定文本两种。如果说无论人们说什么，系统都能认出是他而不是别人，这就是非限定文本识别，这种识别更难一些。目前最流行的用于识别的短时谱特征是 LPC 及 MFCC。当然技术的发展有两面性，伴随语音技术的发展，伪装语音或伪装声纹技术也有相应的进步。

我们需要一份想要识别的人的原始语音信号作为对照，而这段语音信号必须经过声纹提取，形成一个模板，才能与下一次的输入做比较，从而判断是不是要找的人。

从已有的研究可以归纳出构成声纹的参数有短时频谱、基音周期、短时能量、短时过零率、倒谱、LPG 参数和 MFCC 参数。

语音信号是一种典型的时变信号。如果把观察时间缩短到十毫秒或几十毫秒，那么语言信号是近似平稳的，这是因为人的发音器官不可能是毫无规律地快速变化。例如，具有重大意义的 LPC 参数，就可以非常好地表达人的发音过程，即所谓的声管模型。这些参数的计算也往往基于语音信号的短时信息（帧）。如果把它们配合使用，则可以大大提高识别效率和准确性。目前主要的难度在于能不能找到、发现可唯一标识某人或某物的这组参数，而且这组参数还是在开集条件下不限定文本的。

（二）神经计算与声纹识别

神经计算泛指应用人工神经网络进行的各种智能计算，它能体现人的某些智能特性。人工神经网络的模型本身就是模拟人脑自身生物神经元及其连接而构造的。尽管计算机计算能力至今还不足以完成像人脑（约1000亿个神经细胞）那样复杂的神经网络的学习和计算，但它所表现出的能力和潜力已被大家认同，并在各行各业中大显身手。其实人工神经网络也是由若干单个神经元互连而成的。

我们可以把它看成一种映射关系，当一个音频特征输入时，通过神经连接强度和激活函数的运算来决定这个神经元是否被激活。如果被激活，它就向与它连接的其他神经元发出刺激信号，相反就发出抑制信号。

多个神经元共同形成网络，对输入的信号做出反应。于是，所谓的学习就是当某些共性的输入反复出现时，让人工神经网络给出一个稳定的输出，代表它对这一组共性输入已经有所掌握，学术上可以把这称作聚类分析。

人工神经网络模型已被应用在语音技术的许多方面。考虑到人工神经网络的统计特性、鲁棒性、学习能力、非线性映射能力，所以决定用它来分析一个特定人的声纹信息，找到和发现其声纹。

声纹识别一个特定人需要找到特定人的一组声纹参数，并且要在开集条件下限定文本。首先从电视上采录下一个特定人的音频波形，然后进行参数提取，采用240点的分帧，计算基频及其16阶LPCC参数，然后把有效的LPCC参数画出来。可以发现特定人的声纹在一段采样中是稳定的。但是要确定哪一个才能真正代表特定人而非他人，还需要做一些统计和聚类的工作，笔者采用人工神经网络技术，用2×2的自组织特征映射神经网分析过后发现了一种声纹模式，它可以代表特定人的特征，这种特征使得特定人说话时学习过这一特征的神经元十分活跃，于是就把这条线所代表的参数定义为特定人的声纹。

以后要判定某一种声音是否是所说的特定人的声音，用此声纹模式做比对就可以做出判断。

根据不同的需要，如何提取有效的研究对象的声纹、怎样提取、如何保证准确性、如何处理与去除不相关干扰等都是声纹识别研究中的难题。另外，声纹不只是指人的语音特征,它可以是任何物体发出的可闻或不可闻的信号,这就如同海豚可以发出、听见并且辨认几海里之外的鱼群一样,因此,它的应用领域和前景不可预估。

(三)声纹识别原理

1. 声纹特征提取

声纹特征提取即提取声音信号中表征人的基本特征,该特征能有效地区分不同的说话人。考虑特征的可量化性、训练样本的数量和声纹识别系统性能的评价问题。目前主要对较低层次的声学特征进行识别。说话人特征大体归为以下几类:

①基音轮廓,共振峰频率、带宽及其轨迹。基于发声器官生理结构提取的特征参数。

②听觉特性参数,如感知线性预测等。

③线性预测系数。线性预测与声道参数模型相符合,将它导出的各种参数,如反射系数、自相关系数、线性预测系数等作为识别特征,效果较好。

2. 声纹模式匹配

目前针对各种特征而提出的模式匹配方法有很多,大体可归为下述几类。

①矢量量化。把每个人的特定文本编成码本,识别时将测试文本按此码本进行编码,将量化产生的失真度作为判决标准。其识别精度较高,判断速度较快。

②概率统计。考虑到短时间的声音信息相对平稳,通过对稳态特征如基音、声门增益、低阶反射系数的统计分析,利用均值、方差等统计量和概率密度函数进行判决。其优点是不用对特征参量在时域上进行规整,适合文本无关的说话人识别。

③动态时间规整。说话人的声音信息既有稳定的因素,如发声习惯、发声器官结构,又有时变的因素,如语调、重音、韵律等。将识别模板与参考模板进行时间对比,并按照某种距离测定得出两模板间的相似程度。

④人工神经网络。这种分布式并行处理结构的网络模型在某种程度上模拟了生物的感知特性,具有自组织和自学习能力、很强的复杂分类边界区分能力,及对不完全信息的鲁棒性,其性能近似理想的分类器。缺点是训练时间长、动态时间规整能力弱等。

⑤隐马尔可夫模型。这种基于转移概率和传输概率的随机模型,最早被美国的国际商业机器公司用于声音识别。它把声音看成由可观察到的符号序列组成的随机过程,该序列是发声系统状态序列的输出。识别时,为每个说

话人建立发声模型，通过训练得到状态转移概率矩阵和符号输出概率矩阵。具体应用时，计算未知声音在状态转移过程中的最大概率，根据最大概率对应的模型进行判决。它不需时间规整，可节约判决的计算时间和存储量。这是目前广泛采用的一种技术，其缺点是训练时的计算量较大。

3. 声纹识别技术的应用领域

具体地说，声纹识别技术可以应用到以下领域：

（1）在信息查询领域的应用

在传统的呼叫中心系统中，为了向用户提供个性化服务，并提高坐席的工作效率，在座席的电脑端采用了"Screen Pop"技术。电话拨打进入呼叫中心后，系统通过识别拨打者的电话号码来进行用户识别，并从数据库里调出该用户的个人及历史交易信息，从而能够提高人工座席的工作效率并向用户提供更具有针对性的信息服务。但通过电话号码来进行用户身份识别的缺陷是显而易见的，一方面，同一个电话的呼入者未必是同一个人，另一方面，某个信息查询用户可能会用不同的电话呼入。而声纹识别技术就可以很好地解决上面的两个问题。基于每个人的声音特征都是唯一的而且几乎很少会发生变化的特性，可以很好通过声纹识别技术进行用户身份识别，从而提高呼叫中心的工作有效性，尤其在更加需要人性化服务的医疗、教育、投资、票务、旅游等领域方面，声纹识别显得尤其重要。

（2）在电话交易方面的应用

在通过电话进行交易的系统中，如电话银行系统、商品电话交易系统、证券交易电话委托系统，交易系统的安全性是最重要的，也是系统设计者所要重点考虑的内容。传统的电话交易系统采用"用户名+密码"的控制机制，以确认用户的身份并确保交易的安全性。然而这种控制机制有几个明显的缺点：①为了降低用户名以及密码被猜中的可能性，用户名和密码往往很长；②密码有可能被窃取；③拨打者往往需要拨打很多数字才能完成身份验证并最终进入系统，给用户带来了很大的麻烦。若在电话交易系统内采用声纹识别技术来进行交易者身份识别与确认，上面的问题就可以迎刃而解，用户的声纹是唯一的，可以通过简单地说几句交易系统指定的话进行身份确认，其好处是显而易见的。

第一，提高了交易的安全性，大大降低了用户名和密码被猜中或者被窃取的可能性；对用户来说，交易过程更加简单和人性化；若与电话自动语音识别技术相结合，通过语音下达交易指令，则更能提高交易的快捷性，降低电话交易难度。

第二，降低了欺诈的可能性。商家可以根据有关的声纹识别技术，判断这些信息的可信度如何，并据此决定是否送货等，并可从数据库内查看拨打者的信用状况，由此可以大大地提高电话订购商品的效率，推动"电话商务"的发展。

（3）在个人计算机以及手持式设备上面的应用

在个人计算机及手持式设备上，也需要进行用户身份的识别，从而允许或拒绝用户登录电脑或者使用某些资源。采用传统的用户名加密码的保护机制，存在着用户名和密码泄露、被窃取、容易遗忘等问题。

声纹识别技术应用到个人计算机以及手持式设备上面，可以无须记忆密码，大大提高了系统的安全性，方便了用户的使用。

（4）在保安系统以及证件防伪中的应用

声纹识别系统可用于信用卡、银行自动取款机、授权使用的电脑、声纹锁以及特殊通道口的身份卡等，这些卡上都事先存储了持卡者的声音特征码。在需要时，持卡者只要将卡插入专用机的插口上，通过一个传声器读出事先已储存的暗码，同时仪器接收持卡者发出的声音然后进行分析比较，即可完成身份确认。

同样可以把含有某人声纹特征的芯片嵌入到证件之中，通过上面所述的过程完成证件防伪。

（5）与二维条码技术相结合的防伪应用

二维条码是一种高密度、高信息含量的便携式数据文件，二维条码及其系统的开发应用范围极广，在国外已广泛应用在国防、公安、交通运输、医疗保健、工业、商业、金融、海关及政府管理等领域。其典型优点如下。

可容纳约1000个汉字信息，比普通条码信息容量高几十倍。只要破损面积不超过50%，可照常恢复全部信息，误码率不超过千万分之一，可靠性极高，容易制作且成本低廉。利用现有的点阵、激光、喷墨、制卡机等打印技术，即可在纸张甚至金属表面上印出PDF417二维条码。采用声纹识别的方法对重要的证件、文件、单据进行防伪，在其上需要一载体记载声纹信息，若采用芯片的方式，则芯片和证件文件的紧密结合不易实现，并且芯片造价过高。从可行性上考虑，证件文件的声纹防伪需要选择一种可以和证件、文件紧密结合的声纹记载方法。综合考虑，二维条码不失为一种理想办法。

它的高信息容量可以容纳下特定人的声纹信息，而且可以很好地与证件文件等纸质结合。在需要进行证件确认的时候，通过二维条码识别出用户的声纹特征并输入声纹确认仪器中，同时与持证人的声音进行对比，从而完成证件和身份确认。

（四）声纹识别技术的应用

语音识别技术在军事领域有着重要的应用价值。一些语音识别技术就是着眼于军事活动而研发，并在军事领域首先应用、首获成效的。目前，语音识别技术已在军事保密、指令确认等方面得以应用，在日常军事活动和高技术条件下的局部战争中都发挥了重要作用。

1. 军事保密。

语音识别中的声纹识别技术，在军事保密中有着重要的应用价值。在军事计算机系统和核心要害部位的封闭管理中，应用声纹识别技术进行身份认证，具有很高的精确度，可进一步增加系统的安全性。比如一些应用了声纹识别技术的新型计算机安全产品，可以在普通的USB加密钥匙基础上，增加声纹认证功能，并对计算机系统进行加密，保护计算机系统中的重要文件不被非法窃取、浏览、篡改、删除或破坏。在一些军事要地的核心部位，应用语音识别技术实施门禁管理，可以有效辨识合法进出者。保密管理系统根据输入的自然语音信号，进行声纹身份认证，并自动开启或闭合门禁设施。

2. 指令确认

在军事行动中，通过电话发出命令是常用的信息传递方法。应用声纹识别技术，可以对发出命令者进行身份确认。避免出现敌方利用我方信道伪装我方指挥员发出假命令，干扰我方军事行动的情况。由于在计算机信息处理中，录音的过程要经过模拟到数字的信号转换，放音的过程还要经过数字到模拟的信号转换，因此，即使窃密者使用录音设备录下合法用户的声音进行声纹身份认证，经过从模拟到数字、再从数字到模拟的两次信号转换，声音频谱会有明显的衰减和失真，这种失真很容易被认证程序分辨出，所以，依靠录音登录也不能通过声纹认证。

第三章 深度学习相关理论与技术

随着计算机技术的不断深化,学习各类数据中的规律将有效帮助人类扩大数据挖掘的范围,深度学习在其中扮演者重要的角色。本章探讨了人工神经网络与初始化模型、卷积神经网络与循环神经网络以及深度学习优化算法与训练技巧。

第一节 人工神经网络与初始化模型

一、人工神经网络

(一)在神经科学中对生物神经元的研究

神经元相互连接组成神经网络。每一个神经元从其他神经元处获得输入信息,少部分神经元也从接收器获得信息;神经元处理这些输入信息,一旦被激活,就会继续发送信号至其他相连的神经元。

机器学习中的神经元以生物神经元为原型,受到了其机制不少的启发和影响;然而,为了可以顺利地完成模型的实现,需要对机器学习中的神经元进行抽象和简化。

1. 神经元激活机制

神经生物学家戴维·休伯尔和托斯坦·维厄瑟尔由于发现了"视觉系统的信息处理"而荣获1981年的诺贝尔生理学或医学奖。1958年,他们通过实验证实了位于后脑皮层的神经元与视觉刺激之间存在某种对应关系。换句话说,一旦视觉受到了某种刺激,后脑皮层的特定部分的神经元就会被激活。他们的实验发现了一种被称为"方向选择性细胞"的神经元,当看到眼前物体的边缘,而且这个边缘指向某一个方向时,这种神经元就会被激活。

神经生物学家认识到,生物神经元是神经系统的重要组成单位之一。随后的深入研究揭示了神经元由细胞体和神经突(包括树突、轴突、突触)组成。树突呈树状分支,为神经元的"信息接收区",它将受到刺激引起的电位变化向胞体传递;然后会有一个"触发区"负责整合电位,决定是否达到阈值,从而产生神经冲动；细长的轴突为"传导区"，而其末端的突触为"输出区"——神经冲动会导致突触释放出神经传递物质或者电力，从而实现将整合的信息向下一个神经元传递的过程。机器学习中的神经元也暗合了这几个功能区域：接收区、触发区、传导区、输出区。其中，触发区最重要，不同的触发机制代表着不同类型的神经元。

2. 神经元的特点

除神经元的基本激活机制以外，科学家发现，大脑不同位置的神经元似乎专门实现各自的功能。尽管如此，但各种神经元本身的构成却很相似。

此外，科学家还发现，神经元具有稀疏激活性，即尽管大脑具有多达五百万亿个神经元，但真正同时被激活的仅有1%～4%。这种稀疏激活性也影响了机器学习中的神经元的模型设计。

（二）神经元模型

生物神经元被以多种形式抽象和简化，但它们都有一个共同的特征，即由输入、激活函数、输出构成。各种神经元的简化模型的不同之处就在于激活函数不一样。图3-1列出了几种基本神经元。

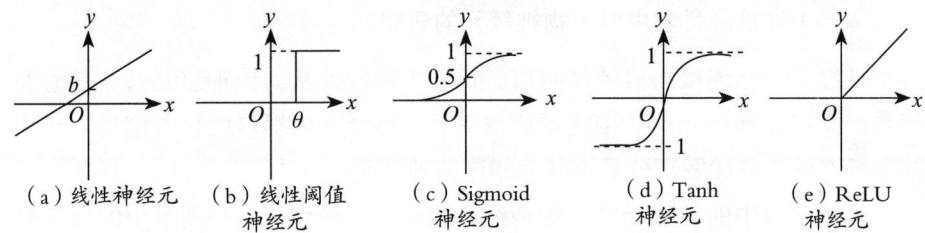

（a）线性神经元　（b）线性阈值神经元　（c）Sigmoid神经元　（d）Tanh神经元　（e）ReLU神经元

图3-1 神经元的简化模型

1. 线性神经元

线性神经元是指输出与输入呈线性关系的一种简单模型，如图3-1（a）所示，它实现的是输入信息的完全传导。在现实中，它由于缺乏对信息的整合而基本不被使用，仅作为一个概念基础。

2. 线性阈值神经元

早在1943年，人工神经网络的提出者沃伦·斯图吉斯·麦库洛奇和沃克·哈里·皮特就分析了一种简单的人工神经元模型，并且指出了它们运行简单逻辑运算的机制。这种简单的神经元被称为线性阈值神经元，具有以下特征。

①输入和输出都是二值的。
②每个神经元都具有一个固定的阈值。
③每个神经元都从带有权重的激活突触接收输入信息。

④抑制突触对任意激活突触有绝对否决权。

⑤每次汇总带权突触的和，如果大于阈值而且不存在抑制突触输入，则输出为 1，否则为 0。

假定神经元的 n 个输入为 x，输出为 y，那么每次汇总的和为：

$$\text{sum} = \sum_{i=1}^{n} w_i x_i$$

$$y = f(\text{sum}) = \begin{cases} 1, & \text{sum} \geq \theta \text{ 且无抑制突出输入} \\ 0, & \text{其他} \end{cases} \quad (3\text{-}1)$$

其中，w_i 就是权重，sum 是阈值，f 是一个与阈值 θ 相关的线性阈值函数。抑制突触输入可以理解为一个特权开关，一旦其值为 1，则输出必为 0。

以函数 $y = \bar{x}_1 x_2 + \bar{x}_2 x_3$ 为例，其中 x_1，x_2，x_3 是布尔输入，y 是真实标注，$\hat{y}$ 是神经元的输出。现假定权重向量 $w = [-1, 2, -1]$，阈值 θ 为 $\frac{1}{2}$，且没有抑制突触输入。由之前定义可知，$\text{sum} = \sum_{i=1}^{n} w_i x_i = -x_1 + 2x_2 - x_3$。考虑 x_1，x_2，x_3 的不同取值，可以得到表 3-1 所示的相关结果。可以看出，这个神经元能完美模拟这个布尔函数。

表 3-1 布尔函数 $y = \bar{x}_1 x_2 + \bar{x}_2 x_3$ "开/关" 神经元计算表

x_1	x_2	x_3	sum	$\hat{y}$	y
0	0	0	0	0	0
0	0	1	-1	0	0
0	1	0	2	1	1
0	1	1	1	1	1
1	0	0	-1	0	0
1	0	1	-2	0	0

3.Sigmoid 神经元

Sigmoid 神经元可以使输出平滑而连续地限制在 0～1 的范围内，它靠近 0 的区域接近于线性，而远离 0 的区域为非线性。Sigmoid 神经元可以将实数"压缩"至 0～1 的范围内，大的负数趋向于 0，大的正数则趋向于 1。

Sigmoid 神经元的数学表达式为：

$$y = \frac{1}{1 + e^{-x}} \quad (3\text{-}2)$$

虽然它的激活函数看起来比前面的模型要复杂不少，但是它的求导结果很漂亮，具体的求导运算如下：

$$\frac{\partial y}{\partial x} = -\frac{1}{\left(1+e^{-x}\right)^2} \cdot e^{-x} \cdot (-1)$$

$$= \frac{e^{-x}}{\left(1+e^{-x}\right)^2}$$

$$= \frac{1}{1+e^{-x}} \cdot \frac{1+e^{-x}-1}{1+e^{-x}}$$

$$= y \cdot (1-y)$$

由此可见，Sigmoid 的导数可以直接用它的输出值来计算，非常简单。

Sigmoid 函数在过去被广泛使用，除求导简单外，还源于它很好地阐释了一个神经元的"燃烧率"：从一个假定的完全不激活（0）到完全饱和的燃烧（1）。

Sigmoid 神经元近的两个主要缺陷如下：

① Sigmoid 函数进入饱和区后会造成梯度消失。Sigmoid 神经元的一个非常不受欢迎的属性是函数两端都趋向于饱和（接近于 0 或 1）。这些区域的梯度几乎接近于 0。在后向传播中，这个（局部）梯度将以乘数的关系进入整个优化过程。此外，在初始化 Sigmoid 神经元参数时也需要倍加小心，以避免函数进入饱和区。例如，如果初始化的参数值过大，大部分神经元工作在饱和区，则网络就会变得很难学习。

② Sigmoid 函数并非以 0 为中心。这一属性同样不受欢迎，因为通过神经元向后传播的网络需要处理非 0 的数据，这将对梯度下降的过程造成影响。因为如果进入一个神经元的数据总是正的，那么在反向传播时参数的梯度要么都是正的，要么都是负的。不过，当这些梯度在一批处理数据中先进行累加，最后再更新参数时，符号可能会发生变化，这在一定程度上可以降低影响。

4.Tanh 神经元

Tanh 神经元是 Sigmoid 神经元的一个继承，它将实数"压缩"至 -1～1 的范围内，因此改进了 Sigmoid 神经元变化过于平缓的问题。

Tanh 神经元的数学表达式为：

$$y = \frac{e^x - e^{-x}}{e^x + e^{-x}} \tag{3-3}$$

它的求导结果如下：

$$\frac{\partial y}{\partial x} = \frac{\left(e^x + e^{-x}\right)\left(e^x + e^{-x}\right) - \left(e^x - e^{-x}\right)\left(e^x - e^{-x}\right)}{\left(e^x + e^{-x}\right)^2} = 1 - y^2$$

5. ReLU

ReLU神经元的数学表达式为：

$$y = \begin{cases} x, & x > 0 \\ 0, & \text{其他} \end{cases} \quad (3\text{-}4)$$

该函数等价于$y = \max(0, x)$。它在阈值以下的输出都被截断成"0"，在阈值以上的输出则保持线性不变。其导数形式非常简单：

$$\frac{\partial y}{\partial x} = \begin{cases} 1, & x > 0 \\ 0, & \text{其他} \end{cases} \quad (3\text{-}5)$$

ReLU神经元在神经网络的实际应用中被广泛采用，因为其既具有非线性的特点，使得信息整合能力大大增强；在一定范围内又具有线性的特点，使得其训练简单、快速。使用ReLU神经元有以下优点：

①相比Sigmoid神经元和Tanh神经元，ReLU神经元在随机梯度下降过程中能够明显加快收敛速度。

②相比Sigmoid神经元和Tanh神经元包含复杂算子，ReLU神经元通过简单的阈值操作就能实现。

然而，ReLU神经元并不是万能的，在训练过程中可能是脆弱的并且会出现"死亡"。例如，流经ReLU神经元的大梯度可能导致权重更新，使得神经元不会再在任何数据上激活。如果发生这种情况，流经该神经元的梯度将永远为0。也就是说，在训练过程中，ReLU单元会不可逆转地死去。如果学习率设得太高，那么在网络中甚至有高达40％的神经元不能被激活。通过调整学习率，能够限制这种情况的发生。

针对ReLU的相关缺点，近年来又出现了很多变种，包括LeakyReLU试图解决ReLU"死亡"单元的问题。当时，函数不再直接取$x<0$，公式为：

$$y = \begin{cases} x, & x > 0 \\ 0.01x, & \text{其他} \end{cases} \quad (3\text{-}6)$$

该函数等价于：

$$f(x) = \max(x, 0.01x)$$

（三）深度神经网络

解决感知机面临非线性问题的方法，就是将感知机变成多层神经网络，也称为深度神经网络。多层神经网络相对于当时风头正起的支持向量机而言，其背后缺乏优美的数学理论。实际上，这是神经网络一直面临的窘境。即使其重获关注，并在各个领域获得惊人的成绩后，对于其"成功"的解释依然是一层未揭开的面纱。不过，随着近年来神经网络隐层研究的发展，如"可视化分析"等,人们正逐渐了解它背后神秘的机制。

1. 输入层、输出层及隐层

网络结构的第一层为输入层,最后一层为输出层,如果中间有其他层,则被称为"隐层"。如果隐层的数目多于一层,则该神经网络被称为"深度"神经网络。隐层和输出层一般会含有神经元,从而实现非线性。

2. 目标函数的选取

在讨论神经网络的训练之前,我们首先要明确目标函数。通常,这个目标函数以损失函数的形式来呈现。例如,常用的均方误差损失函数可以表示为:

$$\text{Loss} = \frac{1}{2N}\sum_{i=1}^{N}(y_i - \hat{y}_i)^2 \tag{3-7}$$

其中,N 为样本的数目,y_i 为第 i 个样本的实际标注值,也称为标签,而 $\hat{y}_i$ 为该样本的预测值。由此可见,损失函数值越小越好,当损失函数值为 0 时,则说明模型预测的结果完全无误。

除均方差损失函数外,还有很多不同的损失函数。损失函数的选取一般要根据模型的特点和目标的设立来进行。比如,在一个多分类问题上,最合适的损失函数可能就不是均方差损失函数。

假设这个多分类问题共有 C 个类别,而输出 z_c 也是 C 维的,每一维的输出值代表在该类的得分,得分最高的即为最可能的预测类别。对于这样的问题,通常更希望输出是概率形式,因此,在输出层会加一个 Softmax 函数:

$$\hat{y}_c = \frac{\exp(z_c)}{\sum_i \exp(z_i)} \tag{3-8}$$

这样输出的预测值被转化成了概率值,所有类的概率值之和为 1。对于这样的以 Softmax 函数为输出层的网络模型,最合适的损失函数就是一种名为交叉熵的损失函数:

$$\text{Loss} = -\sum_{i=1}^{N} y_i \log(\hat{y}_i) \tag{3-9}$$

3. 前向传播

为了便于说明,以一个简单的神经网络模型为例。如图 3-2 所示为要训练的网络模型,目标损失函数采用均方差误差,模型的参数为各层的 w 值,神经元的中间结果用 z 来表示,激活函数采用 Sigmoid 函数。

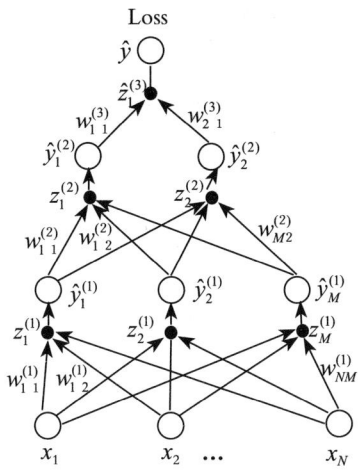

图 3-2 神经网络模型示例

前向传播,就是在当前参数值下,当输入值进入网络后,进行顺序计算,最终得到预测值的过程。在图 3-2 中,则是自下向上沿着箭头方向进行计算的。

$$\begin{cases} z_i^{(1)} = \sum_{j=1}^{N} w_{ji}^{(1)} x_j \\ \hat{y}_i^{(1)} = \dfrac{1}{1 + \mathrm{e}^{-z_i^{(1)}}} \end{cases} \tag{3-10}$$

上式为输入层到第一隐层的前向传播计算公式。而第一隐层至第二隐层、第二隐层至输出层的前向传播计算也可以类似推得。最终的损失函数计算为输出值和真实值之间的均方误差或交叉熵误差等。

可以看出,前向传播计算非常简单。但是,所得到的预测值可能和真实值相差较远,其损失函数值也比较大。

4. 后向传播

后向传播,顾名思义,就是从损失值开始,反过来更新网络的参数值,使得更新后的网络的损失值下降的过程。这一过程主要是通过"梯度下降"的方法来实现的。也就是说,基于当前的参数值,能使损失值下降最大的方法可能是向着梯度的反方向更新参数。还是以图 3-2 所示的神经网络模型为例,先看相邻层之间的梯度计算,然后再看从损失值开始至任意层任意一个参数的梯度的计算方法。

首先,损失函数对输出层的梯度可以很容易求得:

$$\frac{\partial \mathrm{Loss}}{\partial \hat{y}_i} = -(y - \hat{y}) \tag{3-11}$$

那么,输出层 $\hat{y}$ 对激活函数的输入 $z_1^{(3)}$ 的梯度是什么呢?因为选择的激活函数是 Sigmoid 函数，而前面也已推得 Sigmoid 函数的导数结果，所以现在可以直接得到：

$$\frac{\partial \hat{y}}{\partial z_1^{(3)}} = \hat{y} \cdot (1 - \hat{y}) \qquad (3\text{-}12)$$

其对参数和输入的偏导都很简单：

$$\begin{cases} \dfrac{\partial z_j^{(3)}}{\partial \hat{y}_i^{(2)}} = w_{ij}^{(3)} \\ \dfrac{\partial z_j^{(3)}}{\partial w_{ij}^{(3)}} = \hat{y}_i^{(2)} \end{cases} \qquad (3\text{-}13)$$

而从 $\hat{y}_i^{(2)}$ 层向下的梯度计算都是类似的：

$$\frac{\partial \hat{y}_i^{(2)}}{\partial z_j^{(2)}} = \hat{y}_i^{(2)} \cdot \left(1 - \hat{y}_i^{(2)}\right) \qquad (3\text{-}14)$$

从 $z_j^{(2)}$ 向下求梯度为：

$$\begin{cases} \dfrac{\partial z_j^{(2)}}{\partial \hat{y}_i^{(1)}} = w_{ij}^{(2)} \\ \dfrac{\partial z_j^{(2)}}{\partial w_{ij}^{(2)}} = \hat{y}_i^{(1)} \end{cases} \qquad (3\text{-}15)$$

直到隐层向输入层的梯度计算：

$$\frac{\partial \hat{y}_i^{(1)}}{\partial \hat{z}_i^{(1)}} = \hat{y}_i^{(1)} \cdot \left(1 - \hat{y}_i^{(1)}\right) \qquad (3\text{-}16)$$

一般最后只需要求对参数的梯度，而不再需要计算对输入值的梯度：

$$\frac{\partial z_j^{(1)}}{\partial w_{ij}^{(1)}} = x_i \qquad (3\text{-}17)$$

至此，得到了相邻两层梯度的计算结果。

而梯度下降法需要的是任意一个参数相对于损失值的梯度，关于这个梯度的计算，只需要应用梯度的"链式法则"，根据上面求得的结果便可以得到。比如，如果想求得损失值对参数 $w_{M2}^{(2)}$ 的梯度。则只需计算：

$$\begin{aligned}\frac{\partial \text{Loss}}{\partial w_{M2}^{(2)}} &= \frac{\partial \text{Loss}}{\partial \hat{y}} \cdot \frac{\partial \hat{y}}{\partial z_1^{(3)}} \cdot \frac{\partial z_1^{(3)}}{\partial \hat{y}_2^{(2)}} \cdot \frac{\partial \hat{y}_2^{(2)}}{\partial z_2^{(2)}} \cdot \frac{\partial z_2^{(2)}}{\partial w_{M2}^{(2)}} \\ &= -(y - \hat{y}) \cdot \hat{y} \cdot (1 - \hat{y}) \cdot w_{21}^{(3)} \cdot \hat{y}_2^{(2)} \cdot \left(1 - \hat{y}_2^{(2)}\right) \cdot y_M^{(1)}\end{aligned} \qquad (3\text{-}18)$$

而如果从损失值到变量有多条路径,那么就需要将各条路径上的梯度求出来,然后再相加。比如,如果要求损失值对$\hat{y}_2^{(1)}$的梯度,从前向传播来看,$\hat{y}_2^{(1)}$的改变将会沿着两条路径影响到损失值,因此损失值对它的梯度计算如下:

$$\frac{\partial \mathrm{Loss}}{\partial \hat{y}_2^{(1)}} = \frac{\partial \mathrm{Loss}}{\partial \hat{y}} \cdot \frac{\partial \hat{y}}{\partial z_1^{(3)}} \cdot \frac{\partial z_1^{(3)}}{\partial y_1^{(2)}} \cdot \frac{\partial y_1^{(2)}}{\partial z_1^{(2)}} \cdot \frac{\partial z_1^{(2)}}{\partial y_1^{(1)}} + \frac{\partial \mathrm{Loss}}{\partial \hat{y}} \cdot \frac{\partial \hat{y}}{\partial z_1^{(3)}} \cdot \frac{\partial z_1^{(3)}}{\partial y_2^{(2)}} \cdot \frac{\partial y_2^{(2)}}{\partial z_2^{(2)}} \cdot \frac{\partial z_2^{(2)}}{\partial \hat{y}_2^{(1)}} \quad （3\text{-}19）$$

5. 参数更新

虽然知道了参数更新的方向,并且由后向传播计算出了梯度值,但是沿着这个梯度的反方向更新多少还是一个重要的问题。在实际神经网络的训练中,往往会通过一个重要的参数——学习率来控制这个"步长"。也就是说,参数的更新将通过以下表达式:

$$w \Leftarrow w - \eta \cdot \frac{\partial \mathrm{Loss}}{\partial w} \quad （3\text{-}20）$$

其中,"负号"代表与梯度方向相反;η代表学习率,它作为参数来控制步长;而$\frac{\partial \mathrm{Loss}}{\partial w}$为计算的梯度值。

如图 3-3 所示,当前参数值为 x_t,则下一时刻更新为 $x_{t+1} = x_t - \eta \cdot \partial y / \partial x$。具体来看,当前时刻该位置梯度的方向为 +,大小为 $\Delta y/\Delta x$,那么参数更新的方向将为 -,更新的大小为 $\eta \cdot \Delta y/\Delta x$。由图可见,如果学习率选取得当,那么更新后对应的值将变小;但是当学习率过大时,也很容易出现对应的值反而增大的现象,发生震荡,如 x'_{t+1} 对应的值;而如果学习率设置得过小,那么虽然不易发生震荡,但收敛速度将会变慢,也会影响训练效果。由此可见,学习率的设置是一个十分重要的问题。

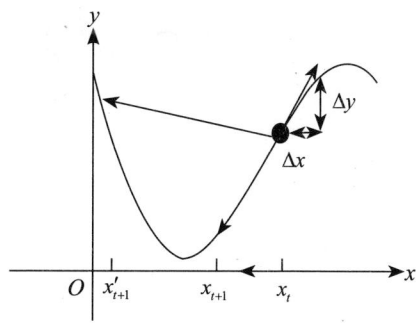

图 3-3 参数更新示例

二、初始化模式

（一）受限玻尔兹曼机

受限玻尔兹曼机（Restricted Boltzmann Machine，RBM）由可视层和隐层构成，常常用来构建自动编码器、深度信念网络等深度学习模型。它属于深度学习中的生成模型。

受限玻尔兹曼机是一种概率图形式的神经网络模型，它是玻尔兹曼机的一种特殊形式，而玻尔兹曼机本身又是一种特殊的马尔可夫网络，马尔可夫网络又是一种特殊的概率无向图模型，后者本身又是一种概率图模型。

1. 能量模型

基于能量的模型，顾名思义，是描述一些感兴趣特征与能量之间关系的模型。一般来说，世间万物皆如此。一系统越杂乱无序或者概率分布越趋近于均匀分布，系统对应的能量就越大；系统越有序或者概率分布越集中，系统对应的能量就越少；而当能量函数取最小值时，对应系统最稳定的状态。

基于能量的概率模型可以定义如下：

$$p(x) = \frac{e^{-E(x)}}{Z} \tag{3-21}$$

其中 Z 为归一化因子：

$$Z = \sum_x e^{-E(x)} \tag{3-22}$$

这个定义初看不好理解，但如果假设 $-E(x) = -wx$ 就不难看出此时的基于能量的模型其实就是 Softmax 模型，可以说 Softmax 模型是能量模型的一种特殊形式。

与逻辑回归和 Softmax 模型类似，基于能量的模型对应的 log 似然如下：

$$L(\theta, D) = \frac{1}{N} \sum_{x^{(i)} \in D} \log p(x^{(i)}) \tag{3-23}$$

其中 θ 为参数，D 是大小为 N 的数据集，一般基于能量的模型的损失函数定义为负的 log 似然：

$$L(\theta, D) = -L(\theta, D) = -\frac{1}{N} \sum_{x^{(i)} \in D} \log p(x^{(i)}) \tag{3-24}$$

对单个样本来说，对应的 Loss 为 $-\text{Loss}p(x^{(i)})$。

那么模型中参数 θ 对应的梯度为：

$$g_\theta = -\frac{\partial \log p(x^{(i)})}{\partial \theta} \tag{3-25}$$

2. 带隐藏单元的能量模型

在很多情况下，并不能直接观测到所有的值，这时候往往需要引入隐藏变量。假设给定输入 x 以及对应的隐藏变量 h，$p(x)$ 可以重写为：

$$p(x) = \sum_h p(x, h) = \sum_h \frac{e^{-E(x, h)}}{Z} \quad (3-26)$$

假设为自由能量，定义如下：

$$F(x) = -\log \sum_h e^{-E(x,h)} \quad (3-27)$$

那么 $p(x)$ 则可改写为：

$$p(x) = \frac{e^{-E(x,h)}}{Z} \quad (3-28)$$

其中归一化项 Z 为：

$$Z = \sum_{\bar{x}} e^{-F(\bar{x})} \quad (3-29)$$

单个样本的梯度为：

$$g_\theta = -\frac{\partial \log p(x)}{\partial \theta} \quad (3-30)$$

有了上面的公式，就可以借助蒙特卡罗方法和马尔科夫链之类的采样方法学习得到一个基于能量的模型。

（二）自动编码器

自动编码器是一种无监督学习的算法。普通的监督学习方法如图 3-4 所示，每个输入都有对应的标签，即标注的期望值，模型的预测值与期望值进行相关比较（比如绝对值差或平方差等）就可以得到对应的损失值（Loss），而相关比较对应的函数就是机器学习中常说的损失函数。如图 3-5 所示则是一种无监督学习方法（注：并不是所有的无监督学习方法都是这样的，比如聚类等），标签直接用输入代替。自动编码器一般由编码器网络和解码器网络两部分组成，其中编码器网络在训练和线上部署时都被使用，而解码器网络只在训练时被使用。如果将图 3-5 中的模型替换为与自动编码器相关的编码器和解码器，就得到了如图 3-6 所示的自动编码器学习方法。

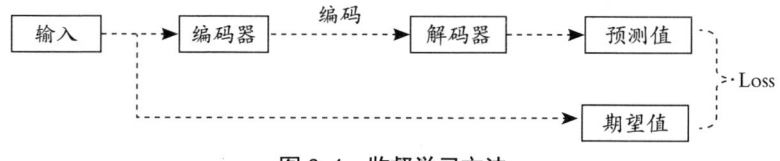

图 3-4 监督学习方法

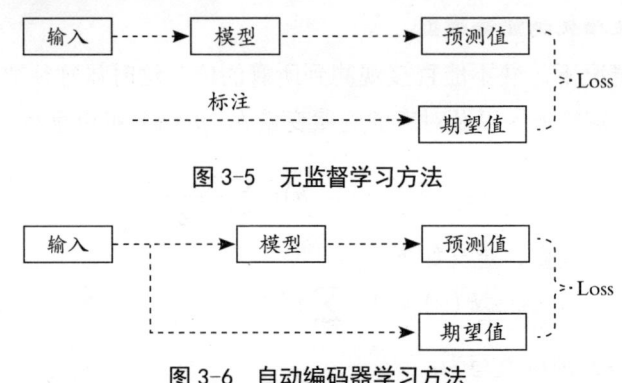

图 3-5 无监督学习方法

图 3-6 自动编码器学习方法

如图 3-7 所示是一个五输入的自动编码器,输入为 $\{x_1, x_2, x_3, x_4, x_5\}$,其中 $x_i \in R$,目标是学到函数 $h(x) \approx x$。自动编码器实质是将输入作为标签进行训练的,从模型的结构来看,输入向量(在图 3-7 中维度为 5)被编码为隐层向量(在图 3-7 中维度为 3),隐层向量又被解码为输出向量(与输入向量维度相同)。这个例子中的每一层都是普通的全连接层,当然,自动编码器的层也可以是卷积层之类的,如果是卷积层,就是卷积自动编码器。

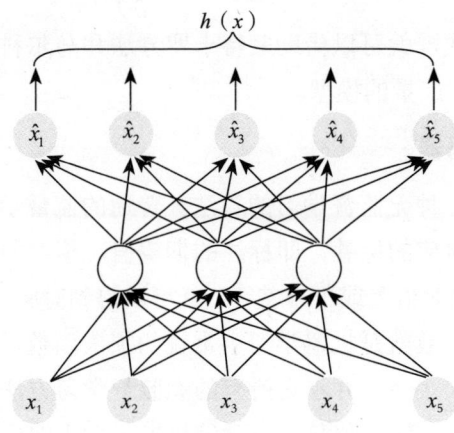

图 3-7 自动编码器示例

1. 降噪自动编码器

降噪自动编码器是自动编码器的一个变种,与其他编辑器唯一的区别在于编码器的输入是包含噪声的,而用作解码目标的输入是去除了噪声的。这样的编码器模型能够将有噪数据还原为干净的原始数据,从而具有较强的抗噪能力。

还有一些自动编码器的变种与降噪自动编码器的动机一样,都是增加学习的鲁棒性,比如通过修改损失函数的收缩自动编码器(Contractive Auto Encoder)。

2. 栈式自动编码器

既然单层的编码能够尽量保留输入层的信息，如果在第一层编码的基础上继续构建一层自动编码器，那么新的编码就能尽量保留第一层编码的信息，也就能保留输入的绝大部分信息，这种叠加的自动编码器称为栈式自动编码器。利用栈式自动编码器进行逐层贪婪训练的方式非常适合深度学习模型的权重初始化。

（三）深度信念网络

信念网络又称为贝叶斯网络或贝叶斯信念网络，是一种有向无环图模型。深度信念网络（Deep Belief Networks，DBNs）是通过不断累积 RBM 形成的深层网络结构。每当一个 RBM 被训练完成时，其隐藏单元又可以作为后一层 RBM 的输入。

DBNs 根据应用需求不同，既可以用作自动编码器，又可以用作分类器。

如图 3-8 所示为多层 RBM 逐层训练得到的 DBNs，其中输入作为最底层，逐层进行 RBM 的无监督训练，下一层 RBM 的隐层输出作为上一层 RBM 的输入，当训练停止时，就拥有了 DBNs 所有隐层权重的初始值，最后一个 RBM 的隐层输出就是最终的自动编码器的输出向量。

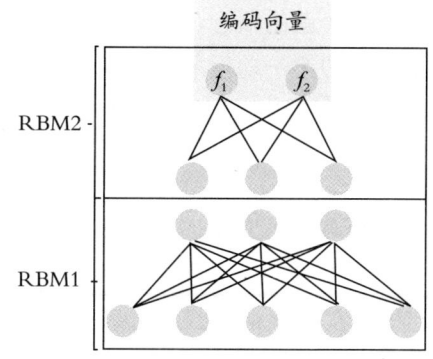

图 3-8 拥有两层 RBM 的自动编码器 DBNs

DBNs 也可以用作分类器，如图 3-9 所示，逐层预训练完之后，采用后向传播技术针对分类目标进行参数的微调。

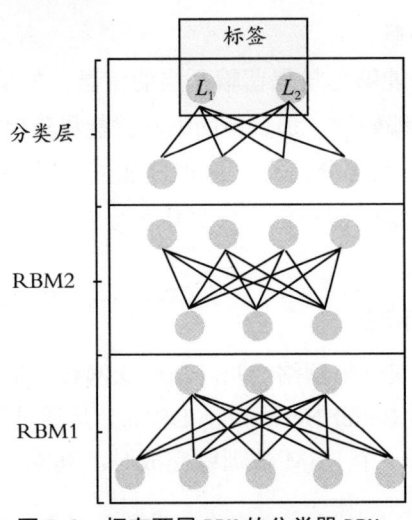

图 3-9 拥有两层 RBM 的分类器 DBNs

第二节 卷积神经网络与循环神经网络

一、卷积神经网络

卷积神经网络并不是一个新的概念，甚至在 20 世纪 90 年代就已经被广泛应用，深度学习卷土重来的第一功臣非卷积神经网络莫属，原因之一就是卷积神经网络是非常适合计算机视觉应用的模型。

（一）卷积简介

卷积在工程和数学上都有很多应用：在统计学中，加权的滑动平均是一种卷积；在概率论中，两个统计独立变量 x 和 y 的和的概率密度函数是 x 和 y 的概率密度函数的卷积；在声学中，回声可以用源声与一个反映各种反射效应的函数的卷积表示；在电子工程与信号处理中，任一个线性系统的输出都可以通过将输入信号与系统函数（系统的冲激响应）做卷积获得；在物理学中，任何一个线性系统（符合叠加原理）都存在卷积。

假设我们用激光传感器来追踪航天飞机的位置，激光传感器能够提供一个输出 $x(t)$，它表示 t 时刻航天飞机的位置，其中 x 和 t 都是实数，也就是说，可以在任意时刻从传感器中获得一个不同的读数。

现在，假设激光传感器受到一定的噪声影响。为了获取包含较少噪声的航天飞机位置的估计，我们期望对多个测量进行平均。当然，时刻越接近，测量越相关，因此期望以一种加权平均的方式获取更大的权重。这通过一个权重函数 $\omega(a)$ 来实现，a 表示测量值产生的时间间隔。如果将这样的加权平均操作应用在每个时刻上，就得到了一个新的函数 $s(t)$，它提供一种关于航天飞机位置的平滑估计：

$$s(t) = \int x(a)\omega(t-a)\mathrm{d}a \quad (3\text{-}31)$$

这种操作称作"卷积"。卷积运算通常用星号来标记：

$$s(t) = (x*\omega)(t) \quad (3\text{-}32)$$

其中，ω 必须是一种有效的概率密度函数。并且，ω 在自变量为负的区间取值应为 0。当然，这些限制仅仅是针对上面的例子的。通常，卷积被定义为对任意函数进行如上形式的积分，并可能被应用于除加权平均之外的用途。

在卷积网络的术语中，卷积的第一个参数通常表示输入，第二个参数表示核。输出有时也被称作特征映射。

通常，用计算机处理数据时，时间是离散的，且传感器以固定的间隔提供读数。在航天飞机这个例子中，要求激光传感器在每个时刻都提供测量结果并不现实，比较现实的方案是传感器每秒提供一个测量结果且时间指数只取正数值。如果只能定义在正数值上，就得到了离散卷积：

$$s(t) = (x*\omega)(t) = \sum_{a=-\infty}^{\infty} x(a)\omega(t-a) \quad (3\text{-}33)$$

在机器学习的应用中，输入数据通常是一个多维数组，核通常是一个通过学习算法获得的多维的参数数组，这些多维数组称为张量。在实际中，张量的维度都是有限的。

卷积也可以是多维的。例如，如果将一个二维图像 I 作为输入，也许同样希望使用一个二维的卷积核 K：

$$S(i,j) = (I*K)(i,j) = \sum_{m}\sum_{n} I(m,n)K(i-m,j-n) \quad (3\text{-}34)$$

卷积满足交换律是因为相对于输入其翻转了核函数，这样当 m 增加时，输入函数的下标增加，而核函数的下标则相应减小。对核进行翻转的唯一原因是获得交换性。尽管交换律在书写证明时很有用，但是在神经网络的应用中却不是重要的属性。

（二）卷积神经网络的层

1. 卷积层

卷积层是卷积神经网络的核心组成部分，负责大部分繁重的计算工作。

（1）卷积层实现

卷积层的参数由一组可学习的卷积核构成。每个卷积核在空间中都是小尺寸的，但会穿过输入集的整个深度。例如，卷积网络第一层的卷积核尺寸通常为5×5×3（宽、高各5像素，深度为彩色图像的3个通道）或3×3×3（宽、高各3像素，深度为彩色图像的3个通道）。

在前向传播过程中，我们在输入图像上沿宽和高的方向滑动各个卷积核，并在所有位置上分别计算卷积核和输入之间的点乘。当沿整个输入的宽和高方向滑动卷积核时，就会得到一个二维的激活映射，通常也称为特征图或特征映射。卷积层上的每个卷积核都会产生一个二维的激活映射。

需要注意的是，卷积核的深度需要与输入的特征图的深度一致。随着卷积网络的不断加深，特征图上的响应表现出的语义层次也在不断加深。最初的卷积层通常对图像中的边缘或色斑产生较强的响应，此时抽取的主要是低层特征。此后，卷积层在低层特征基础上产生的特征图开始带有一些具有一部分语义的图形或纹理。最后的卷积层倾向于对有明确语义的目标产生强响应，此时卷积层具有了抽取高层特征的能力。

（2）空间排布

输出特征图的尺寸由三个超参数控制：深度、步长和零值填充。

首先，输出特征图的深度是一个超参数。它对应于希望使用的卷积核的数量，每个卷积核都会被训练从图像中提取一些不同的信息。例如，第一个卷积层将原始图像作为输入，不同的卷积核可能对不同方向的边缘或带颜色的斑点产生响应。因此，对于同一个输入区域，为了提取不同的特征，需要使用不同的卷积核，并将响应的特征图排列起来作为输出。

其次，需要为滑动的卷积核指定步长。当步长为1时，卷积核将每次移动一个像素。当步长为2（或取3或更多，尽管这在实践中比较少见）时，卷积核将每次移动两个像素，这将会产生空间尺寸比较小的输出数据。

最后，有时为了使用更深的卷积网络，不希望特征图在卷积过程中尺寸下降得太快，便会在输入的边缘填充零值。零值填充的大小同样是一个超参数。

（3）公式表达

卷积层操作的公式表达：

$$x_j^l = f\left(\sum_{i \in M_j} x_j^{l-1} * w_{ij}^l + b_j^l\right) \tag{3-35}$$

式3-35中，上标 l 表示对应网络中的第 l 层。同理，上标 $l-1$ 表示对应网络中的第 $l-1$ 层。这里第 l 层是卷积层，对第 $l-1$ 层输出的特征图进行卷积运算可以获得本层的特征图输出 x_j^l，其中 i, j 分别表示第 l 层和第 $l-1$ 层中特征图的序号。M_j 表示与第 l 层第 j 个特征图相连接的第 $l-1$ 层中的特征图的集合。通常默认两层间采用全连接，所以 M_j 包含第 $l-1$ 层的所有特征图。w_{ij}^l 表示第 l 层第 j 个特征图对应第 $l-1$ 层第 i 个特征图输入的卷积核参数，* 表示卷积操作。

2. 池化层

（1）池化层实现

在连续的卷积层之间常常会周期性地插入池化层。池化层能够逐渐减小表达空间的尺寸，从而减少网络中的参数数量和计算开销；同时池化层也能起到控制过拟合的作用。池化层算子独立作用在特征图的每个深度维度上，并改变其空间中的尺寸。

最常见的池化操作是最大池化，即取视野范围内的最大值。更大的池化窗口在实际中比较少见，因为过大的尺寸会对特征图信息造成严重的破坏。

除了最大池化，一般的池化算子还有平均池化，平均池化在过去一段时间比较常见，但近来由于最大池化被普遍证明有更好的效果而被取代。

（2）后向传播

最大池化操作的反向传播具有简单的形式：只需要将梯度沿正向传播过程中最大值的路径向下传递即可。池化层的正向传递通常会保留最大激活单元的下标，并将其作为反向传播时梯度的传递路径。

二、循环神经网络

卷积神经网络适合处理单个目标类型的数据，在图像分类等领域得到了广泛应用；而循环神经网络则适合处理序列类型的数据，在看图说话、语音识别、机器翻译等方面大放异彩。

（一）循环神经网络简介

脑神经连接方式纵横交错，运行机制更是错综复杂，人们对其做了最大程度的简化，发明了人工神经网络，用它来模拟脑神经。输入的数值可以看作生物电信号，每个神经元接收的电信号只有满足一定条件（可以看作激活函数），这一神经元才会发射信号到下一个神经元，最后一个神经元告诉我们输入的数值具体是什么东西，这对应于图片分类场景。但是大脑不仅可以处理分类场景，还能处理一连串的输入。比如看电视，传入大脑的是一帧帧连续的图片，我们可以理解电视里发生的事情；别人说出的一个个字，传入大脑后，我们可以理解语意，进而也反馈一句话，这句话中的每个字也是有联系的。大脑可以处理这些连续的输入，是因为脑神经元之间的连接允许环的存在，神经元的输入可以是之前任何一个神经元的输出，而传统前馈神经网络是一个有向无环图，神经元的输入仅仅是上一层神经元的输出，于是人们根据脑神经的这种连接方式发明了循环神经网络。

需要注意的是，循环神经网络的英文缩写"RNN"有时候也代表递归神经网络。一般来说，递归神经网络多用于自然语言处理中的序列和树结构学习，是一种结构上递归的神经网络，而循环神经网络则是时间上线性递归的一种网络。但也有观点认为，递归神经网络分为结构递归神经网络和时间递归神经网络，其中时间递归神经网络就是循环神经网络。这种说法认为递归神经网络是包括循环神经网络的。

（二）循环神经网络和长期记忆网络

普通的深度神经网络是由若干隐藏层"垂直"层叠而成的，而 RNN 只有一个自连接的隐藏层，这个隐藏层的输出作为下一时刻它的输入，如果将循环神经网络展开，它就像是若干隐藏层"水平"连接而成的，这些隐藏层共享同一套参数。

每一时刻都有一个新的输入 x_i，同时考虑之前所有的输入 x_1 到 x_{i-1}，预测当前时刻的输出 h_i。

循环神经网络的前向过程用公式表示相当简洁，其中 x_t 表示 t 时刻的输入，h_t 表示 t 时刻的输出：

$$h_t = \tanh\left(W\begin{pmatrix}x_t \\ h_{t-1}\end{pmatrix}\right) \tag{3-36}$$

然而，从循环神经网络的后向过程中可以发现，它在处理较长序列时，往往存在"梯度消失"和"梯度爆炸"的情况。

梯度爆炸相比梯度消失更容易出现，通常可以通过将梯度控制在一定范围内防止爆炸。除此之外，在循环神经网络的前向过程中，开始时刻的输入对后面时刻的影响将越来越小，这种在前向和后向过程中出现的问题叫作长距离依赖。对于上述情况，好的解决方案是用长短期记忆网络替换循环神经网络。

长短期记忆网络解决了循环神经网络训练过程中的长距离依赖问题。它解决问题的关键是"门"机制，具体来说，就是引入了"输入门""遗忘门"和"输出门"以及相关的变量，具体公式如下。

①输入门：

$$i_t = \sigma\left(W_{xh}^i x_t + W_{hh}^i h_{t-1}\right) \tag{3-37}$$

②遗忘门（Forget Gate）：

$$f_t = \sigma\left(W_{xh}^f x_t + W_{hh}^f h_{t-1}\right) \quad (3\text{-}38)$$

③输出门：

$$o_t = \sigma\left(W_{xh}^o x_t + W_{hh}^o h_{t-1}\right) \quad (3\text{-}39)$$

④输入门相关状态值：

$$g_t = \sigma\left(W_{xh}^g x_t + W_{hh}^g h_{t-1}\right) \quad (3\text{-}40)$$

⑤单元状态值：

$$c_t = c_{t-1} \circ f_t + f_t \circ i_t \quad (3\text{-}41)$$

⑥当前隐藏状态的输出：

$$h_t = \tanh(c_t) \circ o_t \quad (3\text{-}42)$$

其中，$\circ$ 表示按元素的乘积。

公式看上去非常复杂，但是理清楚之后就会发现，长短期记忆网络就是在循环神经网络的基础上套了三个门并引入了一个状态值。输入和循环神经网络相比，除了当前时刻的输入和前一时刻的输出，就多了一个前一时刻的状态值。同样，输出也多了一个当前时刻的状态值。公式中的 $g_t = \sigma\left(W_{xh}^g x_t + W_{hh}^g h_{t-1}\right)$ 就是基本的循环神经网络逻辑。

i，f，o 分别是输入门、遗忘门和输出门，它们有形式一样的公式、共同的输入，只是参数不一样。它们最外面的函数是 Sigmoid 函数，输出值的范围是 [0，1]。输入门控制了新状态值通过的程度，遗忘门控制了前状态遗忘的程度，输出门决定了当前状态值可以被输出的程度。每个门的维度、状态值的维度和隐藏层输出的维度都是一样的。

g 是根据当前输入和前一时刻的输出计算出的候选状态值。在循环神经网络中就直接拿 g 作为输出，但是在长短期记忆网络中需要输入门来控制 g 的值。

c 是状态值，它是遗忘门乘以前状态值和输入门乘以候选状态值 g 两个乘积的和。直观上理解就是，我们选择前状态的一些值和候选状态的一些值组成了目前的状态。当前状态值乘以输出门就是当前时刻的输出。

循环神经网络可以认为是长短期记忆网络的一种特殊形式，将长短期记忆网络的输入门都设为1，遗忘门都设为0，输出门都设为1，就几乎变成循环神经网络了。长短期记忆网络正是通过这些门解决了长距离依赖问题，通过训练这些门的参数，长短期记忆网络就可以自主决定当前时刻的输出是依赖于前面的较早时刻，还是前面的较晚时刻，抑或是当前时刻的输入。

图 3-10 和图 3-11 可以形象地表明长短期记忆网络相比循环神经网络的

优势。在图 3-10 中，节点阴影的深浅程度表明节点时刻 1 对其他时刻的影响程度，颜色越深，影响越大。从图中可以看出，后面节点受时刻 1 的影响越来越小，时刻 6 和 7 已经忘记了时刻 1 的输入。

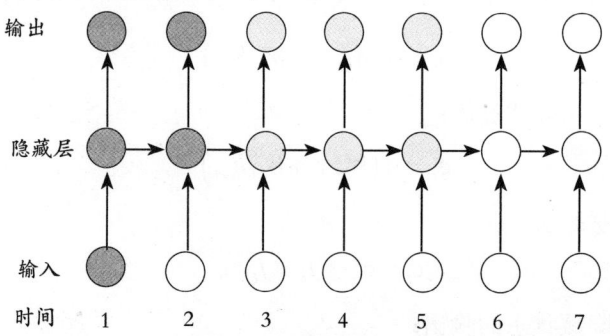

图 3-10　循环神经网络中的长距离信息消失问题

在图 3-11 中，输入门、遗忘门和输出门分别在隐藏节点的下面、左面和上面。空心小圆圈"。"表示门是打开的，"-"表示门是关闭的。可以看到，如果时刻 2 到时刻 6 的输入门都是关闭的，那么时刻 1 对时刻 6 的影响并没有减弱。

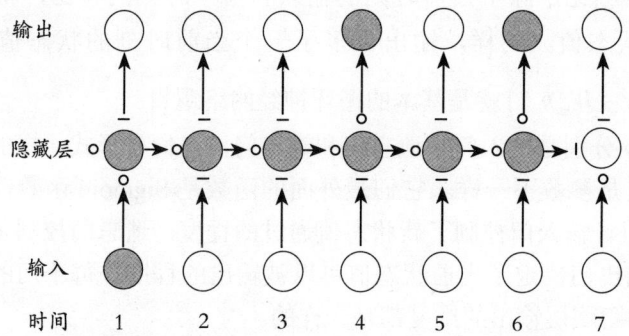

图 3-11　长短期记忆网络实现的长距离有效传播

有学者在长短期记忆网络的基础上提出了窥视孔的概念，图 3-12 中的虚线就是窥视孔，直观上看，就是三个门都增加了一个窥探上一个状态值的机会。

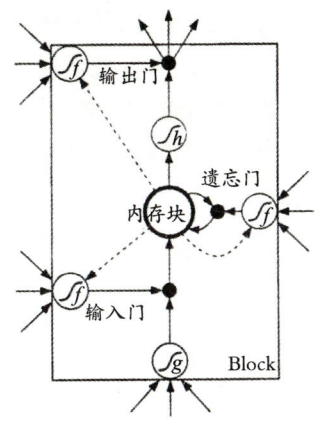

图 3-12　长短期记忆网络中含有一个细胞单元的内存块

就是在三个门的计算中加入上一时刻的状态值：

$$i_t = \sigma\left(W_{xh}^i x_t + W_{hh}^i s_{t-1} + W_{ch}^i c_{t-1}\right)$$

$$f_t = \sigma\left(W_{xh}^f x_t + W_{hh}^f s_{t-1} + W_{ch}^f c_{t-1}\right)$$

$$o_t = \sigma\left(W_{xh}^o x_t + W_{hh}^o s_{t-1} + W_{ch}^o c_{t-1}\right)$$

其他部分不变。增加窥视孔之后，由于增强了前一时刻状态值的影响，所以效果也会得到提升。

第三节　深度学习优化算法与训练技巧

一、深度学习优化算法

在传统机器学习算法的实践中，优化总是重头戏，也是最考验功底的部分。深度学习得益于后向传播的有效方式，往往普通的随机梯度下降优化方法就能取得不错的训练效果，优化的重要性相比传统机器学习要弱一些，大部分从业者主要聚焦于应用或模型创新，而优化部分更多的工作只是调参。

实际上，有关深度学习优化方面的研究非常多，很多方法也非常有效，一些常见的优化算法。

（一）随机梯度下降

每次从训练样本中随机抽取一个样本计算梯度并对参数进行更新，由于每次不需要遍历所有的数据，所以迭代速度快；但是这种优化算法比较弱，往往容易走偏，反而会增加很多轮迭代。随机梯度下降有时可以用于在线学习系统，可使系统快速学到新的变化。

与随机梯度下降相对应的还有批量梯度下降，每次使用整个训练集合计算梯度，这样计算的梯度比较稳定，相比随机梯度下降不那么容易震荡；但是因为每次都需要更新整个数据集，所以批量梯度下降算法非常慢而且无法放在内存中计算，更无法应用于在线学习系统。

介于随机梯度下降和批量梯度下降之间的是小批量梯度下降，即每次随机抽取 m 个样本，将它们的梯度均值作为梯度的近似估计。在深度学习中常说的随机梯度下降通常是指小批量梯度下降。

为了使随机梯度下降获得较好的性能，学习率 η 需要取值合理并根据训练过程进行动态调整。如果学习率过大，模型就会收敛过快，最终离最优值较远；如果学习率过小，迭代次数就会很多，导致模型长时间不能收敛。

（二）动量算法

动量是来自中学物理力学中的一个概念，是力的时间积累效应的度量。动量算法是在随机梯度下降的基础上，加上了上一步的梯度：

$$m_t = \gamma m_{t-1} + g(\theta) \tag{3-43}$$

$$\theta = \theta - \eta m_t \tag{3-44}$$

其中 γ 是动量参数且 $\gamma \in [0, 1]$。动量算法也可以写为如下形式：

$$v_t = \gamma v_{t-1} + \eta \times g(\theta) \tag{3-45}$$

$$\theta = \theta - v_t \tag{3-46}$$

如果将公式展开，不难发现两者是完全等价的，为了保持一致，本节采用第一种写法。相比随机梯度下降，动量会使相同方向的梯度不断累加，而不同方向的梯度则相互抵消，因而可以在一定程度上克服 Z 字形的震荡，更快到达最优点。

（三）加速梯度

加速梯度算法与动量算法类似，也是考虑最近的梯度情况，但是加速梯度相对超前一点，它先使用动量 m_t 计算参数 θ 下一个位置的近似值 ($\theta = \eta m_t$)，然后在近似位置上计算梯度：

$$m_t = \gamma m_{t-1} + g(\theta_t - \eta \gamma m_{t-1}) \tag{3-47}$$

$$\theta_{t+1} = \theta_t - \eta m_t \tag{3-48}$$

加速梯度算法与动量算法的具体区别如图 3-13 所示，从图中可以看出，急速梯度算法会计算本轮迭代时动量到达位置的梯度，可以说它计算的是"未来"的梯度。如果未来的梯度存在一定的规律，那么这些梯度就会有更好的利用价值。如果采用这种计算方式，梯度计算采用的是点 A，前向计算采用的是原始的点 O，这种不统一会带来额外的计算开销。

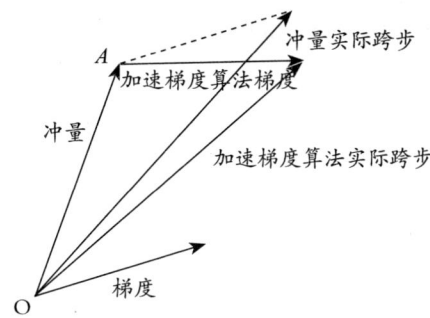

图 3-13　加速梯度算法与动量算法的区别

（四）Adagrad

Adagrad 算法是一种自适应的梯度下降算法，它能够针对参数更新的频率调整它们的更新幅度——对于更新频繁且更新量大的参数，适当减小它们的步长；对于更新不频繁的参数，适当增大它们的步长。这种方法的思想很适合一些数据分布不均匀的任务，比如对于一些自然语言处理问题，有些频繁出现的单词会给予更频繁的更新，有些不频繁出现的单词则更难进行参数更新。对于这样的问题，使用 Adagrad 算法可以更好地平衡参数更新的量，使模型的表现更好。

它的具体更新方法是在之前梯度下降法的基础上增加一个梯度的积累项，并将其作为分母，之前梯度下降法的参数更新公式为：

$$\theta_{t+1} = \theta_t - \eta g_t \tag{3-49}$$

而 Adagrad 算法的参数更新公式为：

$$\theta_{t+1} = \theta_t - \frac{\eta}{\sqrt{G_t + \varepsilon}} \odot g_t \tag{3-50}$$

其中 $\odot$ 表示两个向量元素级的乘法，G_t 就是 Adagrad 算法增加的内容。它是所有轮迭代的梯度平方和：

$$G_t = \sum_{k=1}^{t} g_k^2 \tag{3-51}$$

从公式可以看出，加入这一项之后，参数的更新确实得到了一定的控制。对于经常更新的参数，G_t 项的数值会比较大，因而它的参数更新量会得到控制；对于不常更新的参数，由于 G_t 项的数值比较小，它的参数更新量会变大。

Adagrad 算法也存在缺陷。如果模型的参数数值保持稳定，那么参数的梯度值总体不会有太大的波动，而分母上的梯度积累项一直在累积，因此分母会不断变大，因此从梯度的趋势上分析，梯度总体上会不断变小。虽然在实际训练中一般也会将学习率调小，但两者变小的程度不同，因此 Adagrad 可能会出现更新量太小而不易优化的情况。

（五）RMSProp 算法

RMSProp 算法利用滑动平均的方法解决了 Adagrad 算法中的问题。它的思路是让梯度积累值 G 不要一直变大，而是按照一定的比率衰减，这样其含义就不再是梯度的积累项了，而是梯度的平均值：

$$G_{t+1} = \gamma G_t + (1-\gamma)g_t^2 \tag{3-52}$$

$$\theta_{t+1} = \theta_t - \frac{\eta}{\sqrt{G_t} + \varepsilon} \odot g_t \tag{3-53}$$

因为此时的 G 更像是梯度的平均值。

（六）Adam 算法

Adam 算法结合了上面提到的两类算法：基于动量的算法和基于自适应学习率的算法。基于动量的算法有动量算法和加速梯度算法，这两种方法都基于历史的梯度信息进行参数更新。基于自适应学习率的算法有 Adagrad 算法、RMSProp 算法，它们通过计算梯度的积累量来调整不同参数的更新量。Adam 算法记录了梯度的一阶矩（梯度的期望值）和二阶矩（梯度平方的期望值）：

$$m_t = \beta_1 m_{t-1} + (1-\beta_1)g_t \tag{3-54}$$

$$v_t = \beta_2 v_{t-2} + (1-\beta_2)g_t^2 \tag{3-55}$$

为了确保两个梯度积累量能够良好地估计梯度的一阶矩和二阶矩，两个积累量还需要乘以一个偏置纠正的系数：

$$\hat{m}_t = \frac{m_t}{1-\beta_1^t} \tag{3-56}$$

$$\hat{v}_t = \frac{v_t}{1-\beta_2^t} \tag{3-57}$$

然后再使用两个积累量进行参数更新：

$$\theta_{t+1} = \theta_t - \frac{\eta}{\sqrt{\hat{v}_t} + \varepsilon} \odot \hat{m}_t \tag{3-58}$$

优化算法分为两类，其中一类是以动量为核心的算法；另一类是以自适应为核心的算法。当然，这两类算法之间也存在着一定的重叠。

以动量为核心的算法更容易在山谷型的优化曲面中找到最优解。以自适应为核心的算法容易在各种场景下找到平衡,对于梯度较大的一些场景,它会适当地减少更新量;而对于梯度较小的一些场景,它又会适当地增加更新量,所以实际上是对优化做了一定的折中。当然,对于一些复杂且难以优化的场景来说,这样的方法确实提高了优化效果,但是对于一些场景不是很复杂的优化问题来说,这样做实际上阻碍了优化的快速进行。虽然这一类算法很优秀,但是很多论文依然使用经典的梯度下降法。

当然,理论上结合上述两者的算法效果更好,如 Adam 算法,但是其计算量也会相应地增加一些,这一点在使用时同样要权衡考虑。

二、深度学习训练技巧

深度学习有时被大家调侃为中医,即实验科学,因为其原理本身并不特别复杂,而效果好坏更多依赖于各种训练技巧。如果要做大的创新,比如设计一套更完美的深度学习平台或者提出一套新的有效模型,都需要很深的理论功底和实践技术,但同时也离不开各种训练技巧。以下列举了几种深度学习训练技巧。

(一)数据预处理

数据预处理在传统机器学习中非常重要,在深度学习的应用中同样重要,事实上,将数据进行归一化或者白化处理后,算法效果往往可以得到明显提升。

实际上,预处理往往和所采用的具体模型以及面对的具体数据有关,采用哪种预处理方法需要结合实际进行考虑。以下列举一些常用的归一化方法。

1. 减均值

减均值是最简单的数据归一化方法,就是所有样本都减去总体数据的平均值。这种初始化方法适合那些各维度分布相同的数据,比如数据的各维度都服从高斯分布,减去各维度均值后就都变为 0 均值了。

2. 大小缩放

数据统一在 [-1, 1] 或者 [0, 1] 区间更利于模型进行处理,如果不同维度的取值差异较大,则可以通过大小缩放的预处理方法达到统一尺度。比如灰度图像的像素取值范围为 [0, 255],通过各像素除以 255 就可以缩放到 [0, 1] 区间。

3. 标准化

数据标准化一般是指各维度减均值除方差,这是最常用的归一化方法。各维度之间的协方差矩阵由于是半正定的,因此可以利用矩阵分解的方法将协方差矩阵进行分解，从而得到特征向量和对应的特征值，再将特征值从大到小排列，忽略特征值较小的维度，近而达到降维的效果。如果利用特征值进一步对特征空间的数据进行缩放，就是进行白化操作。

（二）权重初始化

由于深度学习的优化是非凸优化问题，不同的初始化往往导致完全不同的收敛速度和效果，因此在开始模型训练之前，寻找最合适的权重初始化方法也是非常重要的。比较常见的权重初始化方法有两种。

1. 全零初始化

全零初始化即所有变量均被初始化为0，这应该是最笨、最省事的随机化方法了。然而这种偷懒的初始化方法非常不适合深度学习，因为这种初始化方法没有打破神经元之间的对称性，将导致收敛速度很慢甚至训练失败。

2. 随机初始化

这种方法轻松打破了神经元之间的对称性，但比较难把握权重的大小与相关神经元数量的关系。比如输入神经元由100增加到10000时，如果初始化的值大小范围不变，则对应的输出值方差就会出现较大的差异，经验表明，这将导致收敛速度较慢甚至失败。

（三）正则化

1. 提前终止

提前终止是机器学习领域非常通用的简单正则化方法，在决策树等模型中得到广泛应用。提前终止在深度学习领域中的应用也大同小异，在训练过程中随时关注模型的效果，当验证集上的误差不再减小甚至增大时停止训练。

在深度学习中采用提前终止防止过拟合的具体做法是，在每一轮训练结束时，计算验证集上的损失函数，如果损失函数不再下降或者下降较少时停止训练。当然，为了避免只看一轮迭代会带来较大误差的问题，也可以多看几轮迭代。

2. 数据增强

在深度学习应用中训练数据往往过少，可以通过添加噪声、裁剪等方法获取更多的数据。另外，考虑到噪声多种多样，可以通过添加不同的噪声获取更多类型的数据。比如，图片可以在不同的位置裁剪出小一些的图片，也可以通过旋转、扭曲、拉伸等不同方法生成不同的数据。

3. L2/L1 正则化

深度学习的 L2/L1 正则化完全沿袭了传统机器学习。

从形式上看，L2 指的是二范数，一般写作平方和的形式。下面以分类的损失函数（负的最大似然）为例进行说明。L2 相当于在原来损失函数的基础上多了一项：$\frac{\lambda}{2n}\sum_w w^2$

$$\text{Loss}_{reg} = \text{Loss} + \frac{\lambda}{2n}\sum_w w^2 = -\sum_{i=1}^{N} y_i \log(\hat{y}_i) + \frac{\lambda}{2n}\sum_w w^2 \quad (3\text{-}59)$$

其中 n 为训练样本总数，分母多一个系数 2 只是为了方便求导，因为平方求导后会多一个常数系数 2。λ 为正则化超参数，λ 越小，则正则化所起的作用越小，模型主要在优化原来的损失函数；λ 越大，则正则化越重要，参数趋向于 0 附近。

上面的损失函数对参数 w 和 bias（b）求偏导：

$$\frac{\partial \text{Loss}_{reg}}{\partial w} = \frac{\partial \text{Loss}_{reg}}{\partial w} + \frac{\lambda}{n} w \quad (3\text{-}60)$$

$$\frac{\partial \text{Loss}_{reg}}{\partial w} = \frac{\partial \text{Loss}}{\partial w} \quad (3\text{-}61)$$

其中对 w 的偏导多了一项 $\frac{\lambda}{n}w$，而对 b 的偏导不变。依此类推，随机梯度下降时 w 的更新也会进行类似变化。

类似地，L1 指的是一范数，一般写作绝对值和的形式。下面同样以分类的损失函数（负的最大似然）为例进行说明。L1 相当于在原来损失函数的基础上多了一项：$\frac{\lambda}{n}\sum_w |w|$

$$\text{Loss}_{reg} = \text{Loss} + \frac{\lambda}{n}\sum_w |w| = -\sum_{i=1}^{N} y_i \log(\hat{y}_i) + \frac{\lambda}{n}\sum_w |w| \quad (3\text{-}62)$$

其中 n 为训练样本总数，λ 为正则化超参数，λ 越小，则正则化所起的作用越小，模型主要在优化原来的损失函数；λ 越大，则正则化越重要，参数趋向于 0 附近。

上面的损失函数对参数 w 和 b 求偏导：

$$\frac{\partial \text{Loss}_{reg}}{\partial w} = \frac{\partial \text{Loss}}{\partial w} + \frac{\lambda}{n} sign(w) \quad (3\text{-}63)$$

$$\frac{\partial \text{Loss}_{reg}}{\partial b} = \frac{\partial \text{Loss}}{\partial b} \quad (3\text{-}64)$$

类似地，对 w 的偏导多了一项 $\frac{\lambda}{n}sign(w)$，其中 $sign(w)$ 表示 w 的符号，w 为正时取 1，w 为负时取 -1，w 为 0 时一般取 0。而对 b 的偏导不变。依此

类推，随机梯度下降时 w 的更新也会进行类似变化。

关于 L2/L1 正则原理，一般存在两种解释方法。

第一，L2/L1 正则是添加一个参数，取 0 附近的先验，如图 3-14 所示，左侧为 L2 正则，右侧为 L1 正则，同心圆的圆心表示数据上的最优点，等高线表示到最优点距离相同的点。可以看出，先验希望参数保持在零点附近，当然，L2 正则的平方和形式决定了其函数图像在二维情况下是圆形，在三维情况下为球面，更多维可以理解为超球面；而 L1 正则的绝对值形式则决定了其函数图像在二维情况下为菱形，在三维情况下为正八面体，更多维可以理解为正多面体。

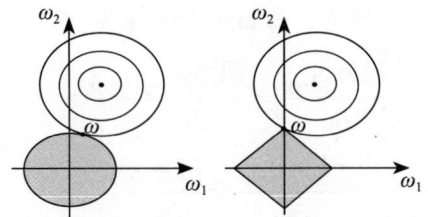

图 3-14 L2 正则与 L1 正则的图示

第二，L2 正则相当于为参数 w 增加了协方差为 $\frac{1}{\lambda}$ 的零均值高斯分布先验，L1 正则相当于为参数 w 增加了拉普拉斯先验。

4. 随机失活

随机失活是深度学习领域比较常用的正则化方法。它的思想非常简单，就是在每一轮训练过程中都以一定概率去掉一些节点，由于每一轮去掉的节点并不一样，随机失活的效果类似于多个不同网络进行集成。

除了前面所提及的正则化方法，迁移学习（含多任务学习）、二值化网络、模型压缩等都可以看作防止过拟合的方法。

第四章　深度学习在生物辨识系统中的应用研究——以人脸识别算法为例

人脸图像具有较大的数据量，其维度普遍较高。本章主要论述了基于 PCA 算法的人脸特征提取、基于 PCA 算法和 GA 改进的 BP 神经网络的人脸识别、基于 PCA 算法和 GA 改进的 DBNs 网络的人脸识别以及基于 PCA 算法和 SAGA 改进的 DBNs 网络的人脸识别。

第一节　基于 PCA 算法的人脸识别

一、PCA 算法原理

主成分分析（Principal Components Analysis，PCA）算法是一种基于概率统计的特征提取算法，它可以从众多参数中解析出问题的主要影响因素，通过提取主要因素使复杂问题简单化。在实际应用中它通过正交变换将一组相关数据变换为一组各维度线性无关的表示，提取数据的主要特征分量，实现高维数据的降维。PCA 算法与其他降维算法相比，其主要特征是它不仅可以实现高维数据的降维，还能最大限度地保留该高维数据的原有信息。

PCA 算法的降维原理与线性代数类似，也是通过基变换来实现的。为了使高维数据在降维之后最大限度地保留原始数据的主要信息，一定要做好基变换中基的选取工作。

基向量选择的实质是高维原始数据投影方向的选择，原始数据的投影值越分散，原始数据的降维效果就越好。为了使数据在降维后最大程度地保留数据的原始信息，则需要尽可能地做到每个投影向量之间不存在相关性。由线性代数的知识可知：投影数据的分散程度主要由原始数据的方差来决定，投影向量的相关性主要由原始数据的协方差来决定。

PCA 算法的优化目标可表示为将一组 N 维向量降为 K 维，其目标是选

择 K 个单位正交基,使得原始数据变换到该组基后,各个向量之间的协方差为 0,而向量的方差最大。

设有矩阵 X,且该矩阵的横向量相互独立。

$$X = \begin{pmatrix} a_1 & a_2 \cdots a_m \\ b_1 & b_2 \cdots b_m \end{pmatrix} \tag{4-1}$$

将 X 与 X 的转置相乘,并求其结果的平均值为:

$$C = \frac{1}{m}XX^T = \begin{pmatrix} \frac{1}{m}\sum_{i=1}^{m}a_i^2 & \frac{1}{m}\sum_{i=1}^{m}a_i b_i \\ \frac{1}{m}\sum_{i=1}^{m}a_i b_i & \frac{1}{m}\sum_{i=1}^{m}b_i^2 \end{pmatrix} \tag{4-2}$$

由公式(4-2)可得,该矩阵为对称矩阵,且主对角线元素为矩阵各横向量的方差,副对角线元素为横向量的协方差,因此,PCA 算法的优化目标可简化为将原始数据的协方差矩阵对角化,将主对角线上的元素按从大到小的顺序排列。

设原矩阵 X 对应的协方差矩阵为 C,而 P 是一组基向量,设 $Y=PX$,则 Y 的协方差矩阵 D 可表示为:

$$D = \frac{1}{m}YY^T \tag{4-3}$$

将 $Y=PX$ 和式(4-2)带入式(4-3)并对其进行化简,即可将 Y 的协方差矩阵 D 表示为:

$$D = PCP^T \tag{4-4}$$

根据式(4-2)和式(4-4)可得,利用 PCA 算法将 N 维矩阵降到 K 维的实质是,利用矩阵 P 将协方差矩阵转化为对角矩阵,同时使对角线元素按从大到小的顺序排列。其中矩阵 P 的前 K 行即为转换矩阵的基,将高维数据在该组基上投影,即可将数据降到 K 维,且能最大限度地保留数据的原始信息。

由于待降维数据的协方差矩阵为对称 N 维矩阵,将其特征向量作为变换矩阵,对协方差矩阵进行变换,可得:

$$P^T C P = \begin{pmatrix} \lambda_1 & & & \\ & \lambda_2 & & \\ & & \ddots & \\ & & & \lambda_n \end{pmatrix} \tag{4-5}$$

综上所述,完成 PCA 降维目标所需的矩阵 P 为协方差矩阵的特征向量单位化后按行排列出的矩阵,其中每一行都是 C 的一个特征向量。

高维数据利用 PCA 算法将数据降到 K 维,K 的取值需要根据原始信息保留的百分比来确定。设 $\lambda_1, \lambda_2 \ldots \lambda_n$ 为协方差矩阵的特征值且由大到小排列，当保留前 K 个主成分时，其方差百分比可表示为：

$$K = Min\left\{\frac{\sum_{j=1}^{k}\lambda_j}{\sum_{j=1}^{n}\lambda_j} \geq 0.80\right\} \quad (4-6)$$

综上所述，PCA 算法的主要步骤为以下五项。
① 对高维矩阵 X 逐行进行均值化处理。
② 求高维矩阵 X 均值化后的协方差矩阵 C。
③ 求矩阵 C 的特征值和特征向量。
④ 将特征向量按对应特征值由大到小的顺利排列，取前 K 行构成矩阵 P。
⑤ 将高维向量 X 向矩阵 P 进行投影，投影结果即为矩阵 X 降到 K 维的主成分。

二、PCA 算法人脸特征提取

通常人脸图像具有较大的数据量，其维度普遍较高。为了克服 BP 神经网络在人脸识别过程中出现的网络收敛缓慢的问题，在人脸识别之前需要对人脸图像进行处理。PCA 算法是一种经典的数据降维算法，它可以提取数据的主要信息实现数据降维，同时提取的主要信息包含了原始数据的主要特征，非常适合人脸图像的处理。

由前文推导可知，利用 PCA 算法来处理人脸图像，首先需要寻找其投影空间——特征脸。将训练样本的第一幅人脸图像用一维向量来表示，记为 X_i，则该向量的协方差矩阵可表示为：

$$\begin{aligned}C &= \frac{1}{N}\sum_{i=1}^{n}(X_i - \overline{X})(X_i - \overline{X})^T \\ &= \frac{1}{N}DD^T\end{aligned} \quad (4-7)$$

其中，$\overline{X}$ 为训练样本的均值向量，N 为训练样本的总个数。

为了减小计算量，可以利用奇异值分解的相关知识，将协方差矩 C 转化为对角矩阵。经过变换，协方差矩阵 C 的特征向量可表示为：

$$P_i = \frac{1}{\sqrt{\lambda_i}}Xq_i \quad (4-8)$$

根据线性代数的知识可知，对任意实矩阵将其特征值按照 $\lambda_1 \geq \lambda_2 \geq \cdots \lambda_k > 0$ 的顺序排列，得到的对角矩阵是唯一的。因此，人脸图像 X 在

$\lambda_1 \geqslant \lambda_2 \geqslant \cdots \lambda_k > 0$ 的情况下得到的特征向量也是唯一的，并且特征值越大，该特征值对应的特征向量包含的数据能量也就越大，其所保留的人脸信息也就越多。根据式（4-6）选取前 K 个特征值所对应的特征向量构成投影空间，即特征脸空间 W。特征空间是由所有训练样本的特征向量构成的，包含了人脸图像的主要特征。

从 ORL 数据库中随机抽取 200 幅人脸图像作为 PCA 算法构造特征脸空间的实验对象。根据前文 PCA 算法的介绍，将人脸图像转化为矩阵，并求该矩阵的协方差矩阵，需要选取前 30 个贡献率最大的特征值所对应的特征向量来构成特征脸空间，其结果如图 4-1 所示。

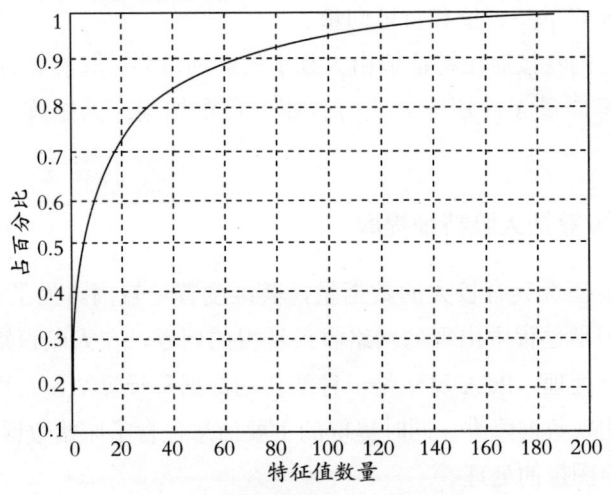

图 4-1 特征值数量的贡献百分比

由图 4-1 可知，将协方差矩阵的前 30 个特征向量正交归一化后构成特征脸空间，该空间包含了人脸图像的主要特征。将人脸图像向该空间投影得到一组一维向量，该组向量的实质是图像在特征脸空间中的位置，由于不同图像在特征脸空间的位置是不同的，因此可以利用投影向量来表征该人脸。

第二节 基于 PCA 算法和 GA 改进的 BP 神经网络的人脸识别

深度学习是在神经网络的基础上提出来的，它是神经网络的重要组成部分。为了找出人脸识别过程中的具体缺陷，进一步提高人脸识别精度，本节首先选用性价比最高的 BP 神经网络来研究人脸识别。

针对 BP 神经网络在人脸识别过程中，易陷入局部最优的缺陷，本节提出利用 PCA 算法和 GA 对其进行优化，构成 PCA-GA-BP 网络。该网络首先利用 PCA 算法对人脸图像进行预处理，以减少人脸图像数据量和网络计算量，提高网络的收敛速度，再利用 GA 对网络权值进行优化，使网络达到最优状态。

本节最后利用 AR 数据库和 ORL 数据库对该算法进行了验证。

一、遗传算法

遗传算法（Genetic Algorithm，GA）是根据自然界物竞天择、优胜劣汰的原理构造的一种进化算法。该算法是一种有效的全局概率搜索算法，具有很强的自适应性和隐含并行性，现阶段已经广泛应用于模式识别、神经网络、控制理论等领域。

遗传算法是一种经典的随机算法，它根据概率规则对解空间进行搜索，通过对解的评估来选择最优解。算法在运行过程中，通过参数编码来操作参数，同时通过适应度函数值来选择新个体，适应度函数几乎不受任何函数规则的限制，这使得遗传算法几乎可以应用于任何寻优问题。

遗传算法将适者生存这种思想引入寻优问题中，通过模拟生物进化过程来搜索最优解。遗传算法的执行过程如下。

①产生初始种群：随机产生初始个体构成初始群体，并进行编码。

②适应度函数：适应度函数主要是对种群中每个个体的生存情况进行分析，种群中个体的适应度函数值越大，则表明该个体越接近目标函数的最优解，反之亦然。

③选择：利用选择算子从种群中选出两个个体，通常适应度函数值越高越容易被选出。

④交叉：将选出的个体按照交叉算子进行交叉，产生新个体，新个体由于遗传了父代的优点，因此具有更强的适应能力。

⑤变异：变异是以一个小概率对个体中的基因串进行随机改变，使其产生新个体。

⑥结果判断：判断得到的搜索结果是否满足条件，当满足条件时输出搜索结果并解码，当不满足条件时，返回到步骤③重新计算。

二、BP 神经网络

BP（Back Propagation，BP）神经网络是一种误差反向传播的多层前馈网络。它的构造类似于人脑，它由大量的神经元按照一定的规则相互连接而成，具有很强的学习能力和非线性映射能力，它的训练通常是采用最速下降法来进行的，能够很好地解决多层网络权值难以优化的问题。

BP 神经网络的学习规则是使用最速下降法，通过反向传播来不断调整网络的权值和阈值，使网络的误差平方和最小。由于误差在神经网络的各神经元之间通过非线性映射函数反向传播，因此，BP 神经网络具有很强的非线性映射能力，能够解决复杂非线性问题。

BP 神经网络由于在训练过程中采用的是有监督的学习方式，因此其训练样本需要采用有标签样本。设有训练样本 $T=\{x_i, y_j\}$，其中 $x=\{x_1, x_2\cdots x_n\}$ 为样本输入，$y=\{y_1, y_2\ldots y_n\}$ 为样本标签。利用该样本对网络进行训练，其隐含层任意神经元 j 的输入可表示为：

$$n_j = \sum_{i=1}^{N} w_{ij} x_i - k_j \tag{4-9}$$

其中，x_i 为输入层神经元 i 的输入，w_{ij} 为输入层神经元 i 与隐含层神经元 j 的网络权值，k_j 为隐含层神经元 j 的阈值，N 为输入层的神经元数量。

隐含层任意神经元 j 的输出可表示为：

$$O_j = S(n_j) \tag{4-10}$$

输出层神经元 t 的输入可表示为：

$$n_t = \sum_{j=1}^{M} w_{ij} o_j^p - k_t \tag{4-11}$$

其中，w_{ij} 为隐含层神经元 j 与输出层神经元 t 的网络权值，k_t 为输出层神经元 t 的阈值，M 为隐含层的节点数。

输出层任意神经元 t 的输出可表示为：

$$o_t = S(n_t) \tag{4-12}$$

求解网络输出与训练样本的样本标签之间的误差，若误差不在允许范围内，则利用最速下降法将误差反向传播，通过修改网络权值来减小误差，改善网络性能。反复执行这一过程直到误差在允许范围内。

根据前文的推导，网络输出与样本标签的误差函数可表示为：

$$\Delta y = \frac{1}{2} \sum_{t=1}^{P} (y_t - o_t)^2 \tag{4-13}$$

其中，P 为输出层神经元数量。

根据 BP 学习理论，网络在训练过程中其权值的修正方向是由误差反向传播的函数梯度的变化方向来确定的，其输出层神经元的权值修正公式可表示为：

$$\Delta w_{ij} = -\eta \frac{\partial \Delta y}{\partial w_{ij}} = -\eta \frac{\partial \Delta y}{\partial n_t} \cdot \frac{\partial n_t}{\partial w_{ij}} \tag{4-14}$$

将上式进行化简，可得：

$$\Delta w_{ij} = -\eta \frac{\partial \Delta y}{\partial n_t} \cdot o_j \tag{4-15}$$

其中，η 为学习速率。

又由于

$$-\frac{\partial \Delta y}{\partial n_t} = -\frac{\partial \Delta y}{\partial o_t} \cdot \frac{\partial o_t}{\partial n_t} = (y_t - o_t) \cdot S'(n_t) = (y_t - o_t) o_t (1 - o_t) \quad (4-16)$$

故，输出层任意神经元的更新权值公式可简化为：

$$\Delta w_{ij} = \eta o_t (1 - o_t)(y_t - o_t) o_j \quad (4-17)$$

其中，o_t 为输出层神经元 t 的网络输出，o_j 为隐含层神经元 j 的输出，y_t 为相应训练样本所对应的期望输出。

因此，输出层神经元 t 的权值增量可表示为：

$$w_{ij}(t+1) = w_{ij}(t) + \Delta w_{ij} \quad (4-18)$$

同理，隐含层神经元权值更新公式可表示为：

$$\Delta w_{ij} = -\eta \frac{\partial \Delta y}{\partial w_{ij}} = -\eta \frac{\partial \Delta y}{\partial n_j} \cdot \frac{\partial n_j}{\partial w_{ij}} \quad (4-19)$$

将式上式化简，可得：

$$\Delta w_{ij} = -\eta \frac{\partial \Delta y}{\partial n_j} \cdot o_j \quad (4-20)$$

又由于

$$-\frac{\partial \Delta y}{\partial n_j} = -\frac{\partial \Delta y}{\partial o_j} \cdot \frac{\partial o_j}{\partial n_j} = -\frac{\partial \Delta y}{\partial o_j} \cdot S'(n_j) = -\frac{\partial \Delta y}{\partial o_j} \cdot o_j (1 - o_j) \quad (4-21)$$

由上可得隐含层神经元的权值更新公式为：

$$\Delta w_{ij} = \eta \left[\sum_{t=1}^{M} (y_t - o_t) o_t (1 - o_t) w_{tj} \right] o_j (1 - o_j) o_i \quad (4-22)$$

其中，o_j 为隐含层神经元 j 的输出，o_i 为输入层神经元 i 的输出。

因此，输出层神经元的网络权值增量可表示为：

$$w_{ij}(t+1) = w_{ij}(t) + \Delta w_{ij} \quad (4-23)$$

BP 神经网络具有很强的非线性映射能力，它不依赖于具体模型，理论上它可以逼近任意的非线性映射关系。BP 神经网络通过网络训练即可学得输入、输出的映射关系，并能将学习到的关联信息存储到分散的网络权值中，实现目标函数的全局逼近，具有很强的鲁棒性、容错能力和较好的泛化能力。但是 BP 神经网络在训练过程中，当权值取值不当时容易陷入局部最优，会影响最终的结果。

BP 神经网络具有很强的学习能力和非线性映射能力，非常适合人脸识别过程。同时，由于 BP 神经网络对网络权值的取值非常敏感，因此使用遗传算法的全局搜索能力来优化网络权值，可以降低其陷入局部最优的概率，提高人脸识别效果。

三、基于 PCA-GA-BP 的人脸识别算法

（一）BP 神经网络优化的可行性分析

BP 神经网络是神经网络的经典算法，具有很强的自我学习能力，它可以在不清楚具体函数关系的情况下，通过学习输入数据获得输入与输出之间的映射关系，非常适合人脸识别这种复杂问题的求解。

BP 神经网络在实际应用过程中具有收敛速度缓慢和易陷入局部最优的缺陷，该缺陷对 BP 神经网络的应用效果影响很大，因此对 BP 神经网络的优化成为人们研究的重点。针对 BP 神经网络人脸识别收敛缓慢的问题，本节主要从两个方面进行优化，一方面对人脸图像进行主成分分析处理，并将处理结果作为网络输入，从而减少输入层神经元个数、简化网络结构、减少计算量，提高网络的收敛速度。另一方面在算法内部引入惯性因子，即在网络权值优化项中增加一个惯性因子，使权值优化过程稳步进行，进一步提高网络的收敛速度。针对 BP 神经网络在网络训练时易陷入局部最优的问题，本节利用 GA 超强的搜索能力来优化其网络权值，降低其陷入局部最优的概率。

PCA 算法具有很强的特征提取能力，且可以最大限度地保留数据的原始信息。GA 的适用条件非常宽泛，同时 GA 具有并行性，它非常适合处理复杂的非线性优化问题。BP 神经网络具有很强的学习能力和泛化能力。将 PCA 算法、GA 和 BP 神经网络的优势相结合，构成 PCA-GA-BP 网络来进行人脸识别，不仅能够克服 BP 神经网络的缺陷，还能进一步提高人脸识别的精度和识别速度。

（二）网络参数设定

本节利用 PCA-GA-BP 网络来进行人脸识别，其关键步骤是基于 GA 的 BP 网络训练。在进行网络训练之前，首先需要对网络参数进行设定。

1. 遗传算法的参数

遗传算法的参数主要包括编码方式，种群数目，进化代数，交叉、变异概率。

①编码方式：由于遗传算法直接操作的是参数编码而不是参数本身，因此，需要对参数进行编码。编码的方式有很多种，为了简化遗传算法的操作步骤，本节采用实数编码。

②种群数目：通常设定一个较大的种群数量，就可以得到更多的新解，同时可以增加产生最优解的概率，但是种群数量过大就会导致搜索时间加长、计算量增大。本节将种群数量设定为 50。

③进化代数：进化代数是为遗传算法的结束条件而设定的，本节将其设定为150。

④交叉、变异概率：交叉、变异操作主要是为了产生新物种，一般发生的概率较小。在实际应用中变异操作可以增强遗传算法的局部搜索能力，同时可以防止出现早熟收敛现象。本节将交叉概率、变异概率分别设定为0.35。

2. BP 神经网络的参数

BP 神经网络的参数主要包括网络层数，输入层、输出层层神经元数量，隐含层神经元数量，激活函数，学习率，惯性因子，训练步长、目标误差。

①网络层数：根据 BP 神经网络理论，三层 BP 神经网络具有很强的学习能力和非线性映射能力，可以实现任意非线性映射问题的无限逼近，因此本节选用三层的 BP 神经网络。

②输入层、输出层神经元数量：BP 神经网络的网络输入是人脸图像经过主成分分析处理后的结果，在保留人脸图像80%的主要信息的情况下，将人脸图像化为一个 M 维向量，因此将 BP 神经网络的输入层神经元数量设定为 M。由于是对25个人进行测试，故将输出层神经元数量设定为25。

③隐含层神经元数量：隐含层神经元数量的设定需要根据实际问题来确定。一般来说神经元数量越多，网络的学习能力就越强，但也会导致学习过程的计算量增大，收敛缓慢。结合先验公式和实验，本节将隐含层神经元数量设定为17。先验公式如（4-24）所示：

$$m = \sqrt{l+n} + \alpha \quad (4\text{-}24)$$

其中，m、n、l 分别为隐含层、输入层、输出层的神经元数目，a 为 $1\sim10$ 的调节常数。

④激活函数：人脸识别过程是一个复杂的非线性映射过程，非线性映射一般都要采用非线性激活函数。

⑤学习率：学习率的选择非常重要。若学习率设置过大，网络收敛速度会很快，但得不到数据的主要特征。若学习率设置过小，网络可以充分学习，但收敛速度会很慢。因此学习率的设定需要根据训练样本的实际情况来确定。

⑥惯性因子：网络在学习过程中容易陷入局部最优，引入惯性因子 a，可以降低网络陷入局部最优的概率，使网络权值变化更加平稳，提高收敛速度。

引入惯性因子后输出层任意神经元 t 在训练过程中的权值增量公式为：

$$w_{ij}(k+1) = w_{ij}(k) + \Delta w_{ij} + a\left[w_{ij}(k) - w_{ij}(k-1)\right] \quad (4\text{-}25)$$

引入惯性因子后隐含层任意神经元 i 在训练过程中的权值增量公式为：

$$w_{ij}(k+1) = w_{ij}(k) + \Delta w_{ij} + a\left[w_{ij}(k) - w_{ij}(k-1)\right] \quad (4\text{-}26)$$

其中，a 为惯性因子，$0<a<1$。

⑦训练步长、目标误差：这两个值均是 BP 神经网络的结束条件，需要根据训练样本的数量来设定。

（三）网络训练

在 BP 神经网络中，各神经元之间连接权值和阈值的取值至关重要，它决定着神经网络的性能，不同的网络权值会对网络收敛速度和最后的输出结果产生巨大影响。本节利用 PCA 算法、GA 来改进 BP 神经网络。在进行人脸识别之前，首先利用 PCA 算法来处理人脸图像，并将处理结果作为网络输入，然后利用 GA 对网络进行训练。

网络优化的主要步骤如下。

①初始化种群：将 BP 神经网络的所有权值和阈值构成种群，并对该种群中的个体进行实数编码。

②构造适应度函数：适应度函数决定遗传算法的搜索方向，是判断是否接受新解的重要依据。由于 BP 神经网络是利用误差反向传播来修正网络权值的，因此我们将适应度函数定义为网络训练的绝对误差和。

$$F = \frac{1}{2}\sum_{p=1}^{T}\sum_{t=1}^{M}\left(y_t^p - o_t^p\right)^2 \quad (4\text{-}27)$$

其中，y_t^p 为样本标签，o_t^p 为网络输出，M 为输出层神经元数目，T 为样本数目。

③选择操作：采用轮盘赌算法从种群中选出适应度函数值较高的个体，使其"交配"产生新个体，个体 i 被选择的概率 P_i 为：

$$P_i = \frac{F_i}{\sum_{i=1}^{N} F_i} \quad (4\text{-}28)$$

其中，N 为种群数量，F_i 为个体 i 的适应度函数值。

④交叉操作：按照交叉概率将配对个体的部分基因进行交叉，形成新个体，其过程按照实数交叉法进行：

$$\begin{cases} g_j^p = g_j^p \beta + g_j^q(1-\beta) \\ g_j^q = g_j^q \beta + g_j^p(1-\beta) \end{cases} \quad (4\text{-}29)$$

其中，g_j^p、g_j^q 分别为 p 和 q 个体在第 j 位的基因，β 为 $\{0, 1\}$ 的随机数。

⑤变异操作：变异操作使得遗传算法的搜索范围扩大到种群之外，可以

增加产生新解的概率,是增强算法能力的重要步骤,其操作方法为:

$$g_i = \begin{cases} g_i\beta_2 + (g_i - g_{max})\beta_1\left(1-\frac{t}{T}\right), & \beta_2 \geq 0.5 \\ g_i\beta_2 + (g_{min} - g_i)\beta_1\left(1-\frac{t}{T}\right), & \beta_2 < 0.5 \end{cases} \quad (4\text{-}30)$$

其中,g_{max},g_{min} 为基因 g_i 的取值范围,t 为迭代次数,T 为最大进化代数,β_1,β_2 为 $\{0,1\}$ 的随机数。

⑥计算当前解的适应度函数值,判断其是否满足算法结束条件,如果满足,输出最优权值和阈值,如果不满足则返回到第③步。

⑦将第⑥步求解的最优权值和阈值输入 BP 神经网络,并进行网络训练。

⑧训练完成后,将待识别人脸图像输入网络进行人脸识别。

四、相关实验及分析

(一)人脸图像数据库

为了促进人脸识别领域的发展,国际上众多组织建立了多个人脸图像数据库。常见的人脸数据库有 AR 人脸数据库、ORL 数据库等。本节为了验证改进算法的有效性,选取常用人脸识别数据库 AR 和 ORL 中的图像作为实验对象。

AR 人脸数据库是由巴塞罗那计算机视觉中心构建的,共对 126 人采集了图像,每人 26 幅,共 3276 幅,该数据库中的图像是在严格控制光线、距离等条件下,在规定的时间内拍摄的,其中的图像具有一定的表情变化。本节随机选取了 100 人的图像(每人 26 幅,共 2600 幅)作为实验数据。

ORL 数据库是由剑桥大学 ATT 实验室构建的,共对 40 人采集了图像,每人 10 幅,共 400 幅。该数据库中的图像的表情、面部饰物都有微小的改变,比较适合人脸识别的算法验证,本书选取该数据库全部图像作为实验对象。

将选取的 AR 数据库的 2600 幅人脸图像和 ORL 数据库的 400 幅人脸图像共 3000 幅人脸图像作为本文的数据库,并将其分为训练集和测试总集两个部分,从中随机抽取 100 幅图像作为测试总集,剩余的 2900 幅图像作为训练集。为了方便测试,将测试总集随机分为 4 组,每组 25 幅人脸图像,并将测试集依次称为测试集 1、测试集 2、测试集 3、测试集 4。

(二)实验方案设定

本节共设计两个实验:①为了验证本节改进算法的有效性,在相同的条件下用本节算法和 BP 神经网络进行人脸识别,并比较其识别结果;②为了说明训练样本数量对人脸识别结果的影响,逐渐增大训练样本并观察这两种算法的人脸识别情况。

针对实验一:首先从训练集中随机选取 2000 幅人脸图像作为 PCA-GA-BP 网络和 BP 神经网络的训练样本,并依次将测试集 1、测试集 2、测试集 3、测试集 4 作为实验对象。其识别结果见表 4-1。

表 4-1 两种算法的识别结果

算法	测试集 1		测试集 2		测试集 3		测试集 4		平均	
	误差(%)	时间(s)	误差(%)	时间(s)	误差(%)	时间(s)	误差(%)	时间(s)	误差(%)	时间(s)
PCA-GA-BP 网络	7.52	4.33	7.38	5.49	8.21	4.55	7.54	4.32	7.70	4.67
BP 神经网络	12.36	8.41	11.79	9.03	13.47	8.76	12.71	8.54	12.58	8.69

如表 4-1 所示,对于所有的测试集,PCA-GA-BP 网络的人脸识别误差均明显小于 BP 神经网络,其平均识别误差比 BP 神经网络低 4.88%,并且识别速度明显提高。很容易看出 PCA-GA-BP 网络的识别结果优于 BP 神经网络,且 PCA-GA-BP 网络具有较好的稳定性,从而说明 BP 网络经过优化之后,人脸识别效果得到了明显的提升。

进一步分析可知,BP 网络在训练过程中,网络的初始参数均为随机值,具有初始误差,训练误差不断积累,会增大网络陷入局部最优的概率。而 PCA-GA-BP 网络利用 PCA 算法处理人脸图像,减少了数据量,加快了网络的收敛速度,同时它又利用 GA 优化网络权值和阈值,克服了初始误差,提高网络性能。该方法不仅能够克服 BP 网络的缺陷,还能进一步提高人脸识别效果。

针对实验二:为了说明训练样本数量对人脸识别结果的影响,将 PCA-GA-BP 网络和 BP 神经网络的训练样本设置为,使训练样本从 1000 幅人脸图像开始,以 100 幅图像为基数逐渐增加,并将测试总集加入训练样本进行网络训练。同时将测试集 1 作为测试样本进行实验,可以发现在训练样本数目逐渐增大的情况下,PCA-GA-BP 网络和 BP 神经网络的识别精度总体呈上升趋势,这正好说明训练样本越多神经网络的识别效果就越好,但当训练样本增大到一定程度后,两种算法的识别精度均出现了小范围的下降。

分析其原因可知,在样本较多的情况下,神经网络可以充分学习人脸图像的数据特征,反复修改网络的权值和阈值使其取得最优值。当训练样本增大到一定程度后,由于 BP 神经网络是一个前向反馈三层神经网络,参数和计算单元有限，学习能力和非线性映射能力有限，在训练样本较多的情况下，网络无法提取训练数据的全部特征，因此识别效果会下降。

第三节 基于 PCA 算法和 GA 改进的 DBNs 网络的人脸识别

PCA-GA-BP 网络在训练样本逐渐增大的情况下，其人脸识别精度逐渐提高，但当训练样本增加到一定程度后，人脸识别精度会出现小范围下降。通过分析得知：PCA-GA-BP 网络只有三层神经元结构，其学习能力和非线性映射能力有限，在训练样本较大的情况下，凭借其有限的学习能力很难得到输入数据的内在结构，从而使网络得不到充分训练，影响最终的人脸识别结果。

为了克服 PCA-GA-BP 网络的人脸识别缺陷，本节在 PCA-GA-BP 网络的基础上，利用学习能力和非线性映射能力超强的 DBNs 网络来替换 BP 神经网络，构成 PCA-GA-DBNs 网络。该网络首先利用 PCA 算法对人脸图像进行降维处理，减少人脸图像数据量，简化网络结构，再利用 GA 结合吉布斯采样逐层训练网络，训练完成后利用 BP 神经网络进行微调使其成为一个最佳的人脸识别系统。本节最后利用 AR 数据库和 ORL 数据库对该算法进行验证，并对不同分类器的人脸识别情况进行了研究。

一、受限玻尔兹曼机

受限玻尔兹曼机（Restricted Boltzmann Machine，RBM）是玻尔兹曼机的一种简化模式，它是一种典型的对称神经网络，主要包括可见层和隐含层两层神经元，在该网络中不同层神经元由权值相互连接，但同层神经元互不相连。RBM 也被认为是一种无向图，其神经元的取值具有很好的任意性，但在实际应用中为了方便计算，普遍将可见层神经元和隐含层神经元设置为二值化，即对于任意的可见层单元，隐含层单元 h 均有 $\{v, h\} \in \{0, 1\}$。RBM 具有很强的无监督学习能力。

对于一个给定状态的 $\{v, h\}$ RBM，其能量函数可表示为：

$$E(v, h|\theta) = -\sum_{i=1}^{n} b_i v_i - \sum_{j=1}^{m} c_j h_j - \sum_{i=1}^{n}\sum_{j=1}^{m} v_i w_{ij} h_j \tag{4-31}$$

其中，v_i 为可见层神经元 i，h_j 为隐含层神经元 j，b_i 为可见层神经元 i 的偏置量，c_j 为隐含层神经元 j 的偏置量，w_{ij} 为可见层神经元 i 和隐含层神经元 j 的网络权值。

在给定参数集合 $\theta \in \{w, b, c\}$ 的条件下，$\{v, h\}$ 的联合概率分布可表示为：

$$p(v, h|\theta) = \frac{1}{Z(\theta)}\exp\{-E(v, h|\theta)\} \quad (4\text{-}32)$$

其中：$Z(\theta)$ 为配分函数。

$$Z(\theta) = \sum_v \sum_h \exp\{-E(v, h|\theta)\} \quad (4\text{-}33)$$

由式（4-32）和式（4-33）可得，RBM 可见层输入数据和隐含层输入数据的概率分布可表示为：

$$p(v|\theta) = \frac{1}{Z(\theta)} \sum_h \exp\{-E(v, h|\theta)\} \quad (4\text{-}34)$$

$$p(h|\theta) = \frac{1}{Z(\theta)} \sum_v \exp\{-E(v, h|\theta)\} \quad (4\text{-}35)$$

由于 RBM 同层神经元之间互不相连，且各层神经元之间相互独立。故：

$$p(h|v) = \prod_j p(h_j|v) \quad (4\text{-}36)$$

$$p(v|h) = \prod_i p(v_i|h) \quad (4\text{-}37)$$

RBM 是一个对称网络，且可见层和隐含层都是二值状态，已知可见层神经元状态或隐含层神经元状态，即可推出隐含层神经元或可见层神经元的激活概率：

$$P(h_j = 1|v, \theta) = S(b_j + \sum_i v_i w_{ij}) \quad (4\text{-}38)$$

$$P(v_i = 1|h, \theta) = S(a_i + \sum_j w_{ij} h_j) \quad (4\text{-}39)$$

其中，i 为可见层神经元，j 为隐含层神经元，S 为 Sigmoid 函数。

在 RBM 实际应用前，需要对 RBM 网络参数进行训练，确保其取到最优解使网络学习能力最强。通常 RBM 的训练采用的是随机梯度上升法，即将 θ 的最优值求解转化为 θ 的最大似然函数的求解，当其取得最大值时，对应的参数值即为所求。其似然函数可表示为：

$$\Phi = \arg\max_\theta \delta(\theta) \quad (4\text{-}40)$$

$$\delta(\theta) = \sum_{t=1}^T \log p(v_t|\theta) \quad (4\text{-}41)$$

二、深度信念网络

2006 年多伦多大学教授辛顿等人提出了深度信念网络（Deep Belief Networks，DBNs），该算法是由多个 RBM 相互叠加构成的，具有极强的学习能力和非线性映射能力。随着 DBNs 网络的提出，机器学习进入到一个新的研究领域：深度学习。从此掀起了深度学习的研究高潮，极大地推进了人工智能的发展和工业应用。

DBNs 是一种基于统计学习的非线性反馈神经网络，它的基本构成单元是 RBM，该网络是一个多层网络，主要由一个可见层和多个隐含层构成，可见层与隐含层的神经元由网络权值相互连接，但可见层和隐含层内部的神经元互不相连，通常可见层作为网络数据的输入单元，隐含层通过训练即可得到输入数据的结构特征。

根据深度学习理论，DBNs 的网络训练是通过无监督学习算法逐层训练完成的，利用可见层的输入数据训练第一个 RBM 单元，并利用其输出训练第二个 RBM 单元，以此类推，直至所有的 RBM 单元训练完成，最后通过有监督学习算法对整个网络进行微调，使其成为一个性能最佳的学习系统。

DBNs 的网络训练的实质是对 DBNs 中各个 RBM 权值进行优化。RBM 的网络权值优化等价于其网络参数的最大似然函数求解，为了减少计算量可以采用吉布斯采样来重构 RBM 的随机样本分布，实现最大似然函数关于未知梯度的近似，在 RBM 中进行吉布斯采样的过程：从可见层输入训练样本 v_0，通过 $p(h|v_0)$ 得到隐含层向量 h_0，隐藏层 h_0 通过 $p(h|v_0)$ 重构可见层 v_1，可见层 v_1 通过 $p(h|v_1)$ 重构隐含层 h_2，如此反复，经过多次吉布斯采样之后，最终得到 RBM 所定义的分布样本，同时也可得到最大似然函数的近似值。

由 RBM 的推导可知，RBM 的网络训练主要是为了调节网络参数使网络达到最优状态，而参数的调节可等价于其最大似然函数的求解。为了简化计算，本节将无监督学习算法和吉布斯采样相结合，用于 RBM 的网络训练。这种训练方式由于只需要一步采样即可接近最大似然学习，大大节约了训练时间。利用这种方法对多层深度学习网络进行训练，随着训练层数的增加，训练数据的特征被逐层提取，越来越接近能量的真实表达。因此，这种训练方式是非常有效的。

DBNs 网络在逐层训练完成之后，各个 RBM 的权值对该层特征向量的映射达到最优状态，但整体 DBNs 网络的特征向量映射并未达到最优。为了使 DBNs 形成一个高效的非线性映射系统，需要对其进行微调。利用有监督学习算法（通常采用 BP 神经网络）通过有标签训练样本来对整个网络进行微调，可以使整个网络性能最佳。由于这种微调方式只需要对权值参数空间进行局部的搜索，即可达到效果，因此它的效率很高。

三、基于 PCA-GA-DBNs 的人脸识别算法

（一）网络参数设定

DBNs 网络训练的实质就是逐层训练 RBM，而其训练结果的好坏与其参数的设定密切相关。已有部分研究表明，如果网络参数设置不当，DBNs 就很难得到真正的数据分布，因此网络参数的设置对于网络学习能力的训练至关重要。

遗传算法的参数设定：本节利用遗传算法结合吉布斯采样来逐层修正深度信念网络，也就是逐个修正 RBM 的网络参数，本节遗传算法的参数设定方式与上一节保持一致。将 RBM 网络中的所有网络权值构成种群，并利用实数编码方式进行编码。将吉布斯采样重构的可见层与实际可见层之间的误差设定为适应度函数。

DBNs 网络的参数设定主要包括隐含层层数和隐含层神经元数量、输入层神经元数量和输出层神经元数量、权重和偏置的初始值、学习率、动量学习率以及其他参数等。

隐含层层数和隐含层神经元数量：根据深度学习理论，隐含层层数和隐含层神经元个数越多，DBNs 网络的学习能力就越强，但相应的计算复杂度会急剧上升。因此，隐含层层数和隐含层神经元数量的确定需要与计算复杂度保持一种平衡。通常隐含层层数确定为 3 层，隐含层神经元数量利用先验公式来确定。先验公式为：

$$n=2m+1 \tag{4-42}$$

其中，m、n 分别为可见层和隐含层神经元的数量。

输入层神经元数量和输出层神经元数量：由于 PCA 处理过的人脸图像结果将作为 DBNs 的网络输入，并且网络依旧是对 25 人进行识别，因此，DBNs 网络的输入层神经元数量和输出层神经元数量均与上一节 BP 神经网络的设定保持一致。

权重和偏置的初始值：通常将网络权值 w_{ij} 设置为随机值，隐含层的偏置 c_j 设置为 0，可见层 b_i 偏置设置为 $\log[p_i/(1-p_i)]$，其中 p_i 为可见层神经元 i 被激活的概率。

学习率：对于多层学习网络学习率 η 的设定非常重要。如果学习率过大，网络学习速度会加快，从而导致重构误差增大，影响网络权值优化。如果学习率过小，网络学习速率会变慢，网络收敛会缓慢。通常学习率的设置要根据训练样本来定，训练样本越多设置得越大，一般设定为 0.45。

动量学习率：动量学习率主要是为了使网络在学习过程中平稳收敛，避

免网络过早收敛，陷入局部最优。它一般作为参数更新公式的添加项，避免网络参数修正的方向完全由似然函数梯度方向决定，加入动量学习率后的网络参数修正公式可表示为：

$$\theta = k\theta + \eta \frac{\partial \ln \delta(\theta)}{\partial \theta} \quad (4\text{-}43)$$

其中，k 为动量学习率。当重构误差平稳增大时，k 设置为 0.9，其余时间 k 设置为 0.5，η 为学习率。

其他参数：RBM 迭代次数、分类反馈次数、微调次数、目标误差等参数设定的目的是使设定 DBNs 网络在训练、微调结束后，成为一个性能良好的非线性映射系统，但是这些参数的设定随意性很大，与要解决的实际问题密切相关，通常由实验来确定。本节将其依次设定为：100、100、50、0.06。

（二）网络训练及微调

1. 网络训练

DBNs 网络是多层网络，具有众多参数，其训练的实质是对网络参数进行优化，使网络达到最优状态。在训练过程中，如果将训练集全部输入网络进行训练，往往会因计算量过大而使网络收敛缓慢。为了提高网络训练的速度，通常将训练集分成多个小集和，利用 Matlab 矩阵运算的优势提高计算效率。

本节利用 GA 结合吉布斯采样来训练 DBNs 网络，其具体过程：将训练样本输入第一个 RBM 的可见层 v，通过条件概率 $p(h_j=1|v)$ 得到隐含层 h_1，然后利用 $p(v_i=1|h)$ 对可见层进行重构得到 v_1，求解 v 与 v_1 的误差，若误差不在允许范围内，利用 GA 的全局搜索能力调整网络权值，使重构可见层和实际可见层尽可能地接近，直到误差在允许范围内。利用同样的方法对 DBNs 网络的所有 RBM 进行训练。

根据前文对 DBNs 网络原理的介绍和对 RBM 网络训练的推导，可将 RBM 的网络参数：RBM 权值、可见层偏置、隐含层偏置的更新公式表示为：

$$\Delta w = w + \eta \left[p(h_j=1|v_i) v_i^T - p(h_{j+1}=1|v_{i+1}^T) \right] \quad (4\text{-}44)$$

$$\Delta b = b + \eta (v_i - v_{i+1}) \quad (4\text{-}45)$$

$$\Delta c = c + \eta \left[p(h_j=1|v_i) - p(h_{j+1}=1|v_{i+1}^T) \right] \quad (4\text{-}46)$$

其中，η 为学习率，Δw 为更新权值矩阵，Δb、Δc 为可见层和隐含层更新偏置向量，在初始化阶段 w、b、c 为随机值。

PCA-GA-DBNs 网络训练的主要步骤如下。

①初始化种群：将 RBM 的全部网络权值构成种群，并对其进行编码。

②构造适应度函数：由于吉布斯采样可以重构 RBM 的可见层分布，因此，将真实可见层与重构可见层的绝对误差和作为种群个体的评价函数，即适应度函数。

$$F = \sum_{i=1}^{n} \sqrt{\sum_{j=1}^{m} (v_i^j - y_i^j)^2} \qquad (4-47)$$

其中，v_i^j 为真实可见层，y_i^j 为重构可见层，m 为可见层神经元数量，n 为训练样本数量。

③选择操作：利用轮盘赌算法选出两个适应度函数值较高的个体并将重要信息遗传到下一代。

④交叉操作：按照交叉概率将种群中的两个个体的部分基因进行交叉，产生具有新基因组合的新个体。

⑤变异操作：按照变异概率对种群中个体的部分基因进行变异，产生新个体。

⑥计算适应度函数值，若满足结束条件，则根据式（4-44）至式（4-46）来求解网络权值和偏置向量的更新值。若不满足则返回到步骤③。

⑦从 DBNs 网络的第一个 RBM 开始进行训练，直到所有的 RBM 训练完成。

由于本节是用 DBNs 网络替换 BP 神经网络，再利用 GA 和吉布斯采样进行网络训练的，因此与上一节网络训练相比其主要变化是种群组成和适应度函数的构造，其余部分基本一致。

2. 网络微调

根据深度学习理论，PCA-GA-DBNs 网络在训练完成后，为了使网络性能进一步提高还需要进行网络微调。

在 DBNs 网络逐层训练完成后，各个 RBM 的权值均达到最优，但整个 DBNs 网络并未构成一个完整系统，且网络性能还没有达到最优。为了将各个 RBM 有机地连接起来，还需要进行网络微调，即利用 BP 神经网络的最速下降法，将误差自顶向下传播到每个 RBM，通过改变其权值使误差在允许范围内，最终将 DBNs 网络构成一个最佳的人脸识别系统，该过程为有监督学习过程。

网络微调过程：DBNs 训练完成后得到各层网络权值，将有标签数据 v 输入可见层，并将该输入与各层网络权值 w 进行运算，得到顶层向量 h；将顶层向量 h 与已知标签 T 进行比较并求其误差，若误差不在允许范围内，利用 BP 神经网络的最速下降法，反向传播误差并修正网络权值，使误差保持在允许范围内。

（三）分类器的构造

1. BP 神经网络的分类器构造

BP 神经网络是一种典型的有监督学习算法，它通过最速下降法优化网络，方便快捷，非常适合分类器的构造。利用 BP 神经网络构造人脸图像分类器，需要利用有标签训练样本对分类器进行训练，以优化分类权值，使 BP 网络成为一个性能良好的人脸识别分类器。

在 DBNs 网络微调完成后，利用 BP 神经网络构造人脸识别分类器，其主要步骤：将有标签的训练样本从可见层输入，经过由低到高的逐层训练后得到最高隐含层 h_n，将 h_n 与分类权值 w_n 进行运算得到分类层输出向量，该向量即为分类层对训练样本的分类结果，求解该结果与样本标签的误差并判断其是否在允许范围内，若误差不在允许范围内，利用梯度最速下降法修正分类权值，重复这一过程，直到误差在允许范围内。

2. RBM 网络的分类器构造

RBM 是一个典型的二元对称神经网络，该网络具有很强的非线性映射能力，由于人脸识别本来就是一个复杂的非线性映射过程，因此，可以利用 RBM 网络来构造人脸识别分类器。

RBM 构造的分类器是一个三层网络，其中包括输入层、隐含层、分类层。分类器的网络参数对于人脸识别结果的影响巨大，为了得到较好的识别结果，在利用分类器之前需要使用大量样本对其进行训练，从而优化分类器的网络参数，使其具有良好的分类性能。

利用 RBM 训练方式来对分类器进行训练，但分类器的训练需要使用有标签的训练样本来进行。设其有标签的训练样本为 $v=\{v_1, v_2 \cdots v_n\}$，其标签为 $T=\{1, 2 \cdots p\}$，隐含层为 $h=\{h_1, h_2 \cdots h_m\}$，由前文推导可得，RBM 分类器的能量函数可表示为：

$$E(v,T,h|\theta) = -\sum_{i=1}^{n} b_i x_i - \sum_{j=1}^{m} c_j h_j - \sum_{k=1}^{p} d_k y_k - \sum_{i=1}^{n}\sum_{j=1}^{m} x_i w_{ij}^1 h_j - \sum_{j=1}^{m}\sum_{k=1}^{p} h_j w_{jk}^2 y_k \quad (4\text{-}48)$$

其中，$\theta = (w^1, b, c, d, w^2)$ 是参数集，w_{ij}^1 为可见层与隐含层网络权值，b 为可见层偏置，c 为隐含层偏置，d 为分类层偏置，w_{jk}^2 为隐含层与分类层网络权值。

训练样本的联合概率分布可表示为：

$$p(v_i, T_i|\theta) = \frac{\exp\left[-E(v_i, T_i, h|\theta)\right]}{Z(\theta)} \quad (4\text{-}49)$$

其中，$Z(\theta) = \sum\limits_{v, T, h} \exp\left[-E(v_i, T_i, h|\theta)\right]$

四、相关实验及分析

本节共设计两个实验：①为了证明本节算法的有效性，同时用本节算法和 PCA-GA-BP 网络、DBNs 网络、BP 神经网络进行人脸识别，并将识别结果进行比较；②为了说明不同分类器对识别效果的影响，利用 BP 神经网络和 RBM 网络两种算法分别进行分类器构造，并观察其对人脸识别结果的影响。

针对实验一：首先从训练集中随机选取 2000 幅人脸图像作为 PCA-GA-DBNs 网络、PCA-GA-BP 网络、DBNs 网络和 BP 神经网络的训练样本，训练完成后将测试集 1、测试集 2、测试集 3、测试集 4 分别作为测试对象，其识别结果见表 4-2。

表 4-2　四种算法的识别结果

算法	测试集 1		测试集 2		测试集 3		测试集 4		平均	
	误差(%)	时间(s)	误差(%)	时间(s)	误差(%)	时间(s)	误差(%)	时间(s)	误差(%)	时间(s)
PCA-GA-DBNs 网络	4.12	3.23	5.33	3.84	4.32	3.15	4.67	3.36	4.61	3.40
DBNs 网络	6.49	3.92	6.21	4.37	7.30	4.64	6.75	4.81	6.69	4.44
PCA-GA-BP 网络	7.36	4.27	7.18	5.44	7.96	4.93	7.61	4.55	7.63	4.83
BP 神经网络	12.45	8.53	11.72	9.68	13.85	8.52	12.34	8.63	12.59	8.78

从表 4-2 可以看出，对于所有的测试集，PCA-GA-DBNs 网络的平均识别误差最低（4.61%），其次是 DBNs 网络（6.69%）、PCA-GA-BP 网络（7.63%）和 BP 神经网络（12.59%）。并且 PCA-GA-DBNs 网络的识别速度明显高于其他算法，DBNs 网络的识别速度与 PCA-GA-BP 网络比较接近，BP 神经网络的识别速度最慢。PCA-GA-DBNs 网络不仅具有最高的识别精度，还具有良好的识别稳定性。

分析其原因发现，PCA-GA-DBNs 网络、DBNs 网络的识别精度高于 PCA-GA-BP 网络、BP 神经网络，其主要原因是 PCA-GA-DBNs 网络、DBNs 网络均属于深度学习算法，其学习能力和非线性映射能力远远高于浅层学习的 PCA-GA-BP 网络、BP 神经网络。无论是深度学习还是浅层学习，优化后算法的人脸识别能力总是强于未优化的。PCA-GA-DBNs 网络的识别效果优于 DBNs 网络，其主要原因是，DBNs 网络在进行人脸识别时，其初始权值是随机赋值的,具有初始误差,在经过逐层训练后,初始误差逐渐积累,最终影响其识别结果。而 PCA-GA-DBNs 网络在进行人脸识别时,首先利用 PCA 算法来处理人脸图像并将处理结果作为网络输入,人脸图像经过 PCA 处理后,数据量大大减少从而简化了网络结构,提高了网络的收敛速度。然后利用 GA 和吉布斯采样来逐层训练网络,很好地克服了网络的初始误差,使网络权值取得最优解,提高了网络的学习性能,最终得到较好的人脸识别效果。

针对实验二:为了说明不同分类器对人脸识别结果的影响,将训练样本分成三类。第一类从训练集中随机抽取 1000 幅人脸图像作为训练集;第二类从训练集中随机抽取 2000 幅人脸图像作为训练集;第三类将全部训练集共 2900 幅人脸图像作为训练集。在训练完成后将测试集 1 作为测试对象,其识别结果见表 4-3。

从表 4-3 可以看出,利用 BP 神经网络和 RBM 网络分别构造 PCA-GA-DBNs 网络的分类器,在人脸识别过程中 RBM 分类器的平均误差(4.39%)略低于 BP 分类器的平均误差(4.86%),而且 RBM 分类器的识别稳定性比 BP 分类器的识别平稳性要好。

表 4-3 两种分类器的识别结果

模型算法	平均识别时间(s)	训练样本	平均识别误差(%)	总体平均识别误差(%)
PCA-GA-DBNs(RBM 分类器)	3.53	2900	4.33	4.39
		2000	3.87	
		1000	4.97	
PCA-GA-DBNs(BP 分类器)	3.82	2900	4.87	4.86
		2000	4.28	
		1000	5.43	

分析其主要原因:DBNs 网络是由多个 RBM 相互叠加形成的,利用 RBM 网络构造分类器,在训练过程中数据从隐含层到分类层可以很好地衔接,进而可以得到很好的识别效果。对深度学习算法而言,不同的分类器会得到不同的识别结果,其主要原因是不同分类算法在进行网络训练时,取得的训练效果是不同的,从而造成分类算法之间分类能力的差异,但总的来说,分类器在得到充分训练之后,均可达到较好的分类效果。

由表 4-3 可得,利用 BP 网络和 RBM 网络来构造 PCA-GA-DBNs 网络的分类器,随着训练样本数目的增加,各算法的识别效果都有所提高,但当训练样本较大时,各算法的人脸识别精度均出现了小范围下降。进一步分析其原因可得,GA 在训练样本较多的情况下,搜索范围增大,计算量骤增,其爬山能力不足，易出现早熟收敛的现象，从而减缓了网络的收敛速度，极大地增加了网络陷入局部最优的概率，影响最终的人脸识别结果。

第四节　基于 PCA 算法和 SAGA 改进的 DBNs 网络的人脸识别

PCA-GA-DBNs 网络在 2900 幅训练样本的情况下人脸识别精度明显下降，其原因是：GA 为全局寻优算法，爬山能力不足，容易出现早熟收敛的现象。为了克服 PCA-GA-DBNs 网络在训练样本较大的情况下容易出现人脸识别精度下降的问题，本节提出利用搜索能力更强且不会陷入局部最优的 SAGA 算法来替换 GA，构成 PCA-SAGA-DBNs 网络。该网络首先利用 PCA 算法来处理人脸图像并将处理结果作为下一步网络的输入，再利用 SAGA 算法结合吉布斯采样来逐层训练网络，然后利用 BP 神经网络进行网络微调和分类器构造。本文最后利用 AR 数据库和 ORL 数据库对该算法进行了验证，同时又利用该数据库对本文改进的三种算法进行实验，给出了本文推荐的人脸识别算法。

一、模拟退火算法

模拟退火（Simulated Annealing，SA）算法是一种基于概率统计的寻优算法，该算法是通过对高温金属退火过程的模拟来实现的。当金属温度较高时，金属内部粒子内能较大运动剧烈，随着金属温度的逐渐降低，粒子内能减小逐渐达到稳定状态，该过程的实质是粒子随着金属温度的变化寻找一个最优位置使其达到稳定状态。利用该思想来解决最优化问题，即可得到全局范围内的最优解。模拟退火算法的执行依据准则为 Metropolis 准则。

随着温度的变化，算法以降温概率选择次优解，从而使搜索跳出局部最优，因此模拟退火算法具有跳出局部最优、搜索全局最优解的能力。算法在实际运行过程中，需要设定初始温度、退火系数等参数，其寻优过程与遗传算法类似，即设定搜索的目标函数并产生新解，计算新解与原解目标函数的误差，若误差小于 0 则接受新解，若误差大于 0 则根据 Metropolis 准则来接受新解，判断其是否满足算法结束条件，若不满足根据退火系数降低温度再次产生新解并判断是否接受该新解。如此反复直到搜索到全局最优解。

模拟退火算法是一种寻优算法，它将随机因子引入搜索过程，当搜索陷入局部最优时，它会以降温概率接受次优解，从而很好地摆脱局部最优，最终得到全局最优解。为了增强该算法全局搜索能力，摆脱其容易早熟收敛的缺陷，将模拟退火算法和遗传算法的优势相结合构成 SAGA 算法，该算法不但具有极强的全局搜索能力而且不会陷入局部最优。

二、基于 PCA-SAGA-DBNs 的人脸识别算法

（一）网络参数设定

在训练样本较多的情况下，GA 逐渐显现出爬山能力弱容易出现早熟收敛的缺陷，最终影响识别结果。为了克服这一缺陷，本节利用模拟退火遗传算法（Simulated Annealing Genetic Algorithm，SAGA）来代替 GA 逐层优化 DBNs 网络，进一步提高人脸识别效果。

SAGA 的参数设定：SAGA 的主体仍为 GA，只是相应地加入了 SA 算法的参数（初始温度、退火系数），因此参数设定主要是对引入的 SA 算法的参数进行设定。遗传算法的各项参数设置与上一节保持一致。

初始温度：初始温度是保证算法搜索性能的重要参数，在算法搜索过程中，初始温度越高其搜索范围也就越大，同样地搜索到全局最优解的概率也就越大，但相应的搜索时间会变长，因此初始温度的设定必须综合考虑。通常是通过实验来确定。

退火系数：退火系数的设定与退火速度密切相关，退火系数越小，温度降低的速度也就越慢，搜索到最优解的概率也就越大，但会增加算法搜索的时间。退火系数越大，搜索速度越快，但最终不一定能搜索到全局最优解。因此在实际应用中要根据实际问题设置退火系数，本节将其设定为 0.45。

DBNs 网络的参数设定：算法主要是利用 SAGA 来替换 GA 来对 DBNs 网络进行逐层训练，因此 DBNs 网络的参数没有太大变化。

（二）网络训练及微调

2. 网络训练

网络逐层训练的主要步骤如下。①参数设定：根据上一节的描述，对网络的初始种群、进化代数、交叉、变异概率、初始温度、退火系数等进行设定。②适应度函数构造：将 RBM 可见层向量与吉布斯采样重构的可见层向量的绝对误差和定义为适应度函数，并产生初始解。③变异操作：按照变异概率对种群中个体的部分基因进行变异并利用其方法判断是否接受新解。④从输入层开始对 DBNs 网络逐层进行训练，直到训练完成。

2. 网络微调

PCA-SAGA-DBNs 网络在经过网络逐层训练后，每层网络权值均达到最优，但整个网络并未达到最优状况，因此还需要对网络进行整体微调使其达到最优状况。由于本节改进的算法只是利用搜索能力更强的 SAGA 来替换 GA，因此，网络微调采用和之前相同的方法来进行。即将 BP 神经网络作为

DBNs 网络的微调工具并利用 BP 神经网络来构建分类器。

本节将 SA 算法和 GA 算法的优势相结合，构成 SAGA 算法，并用该算法代替 GA 算法构成 PCA-SAGA-DBNs 网络来进行人脸识别。

三、相关实验及分析

为了验证本节算法的有效性，用本节算法与 PCA-GA-DBNs 网络在相同情况下进行人脸识别。将全部训练集共 2900 幅人脸图像作为该实验的训练样本，并将测试集 1、测试集 2、测试集 3、测试集 4 分别作为测试样本。为了避免实验的偶然性，将 15 次实验的平均结果作为最终结果。详见图 4-2 两种算法的平均识别误差。

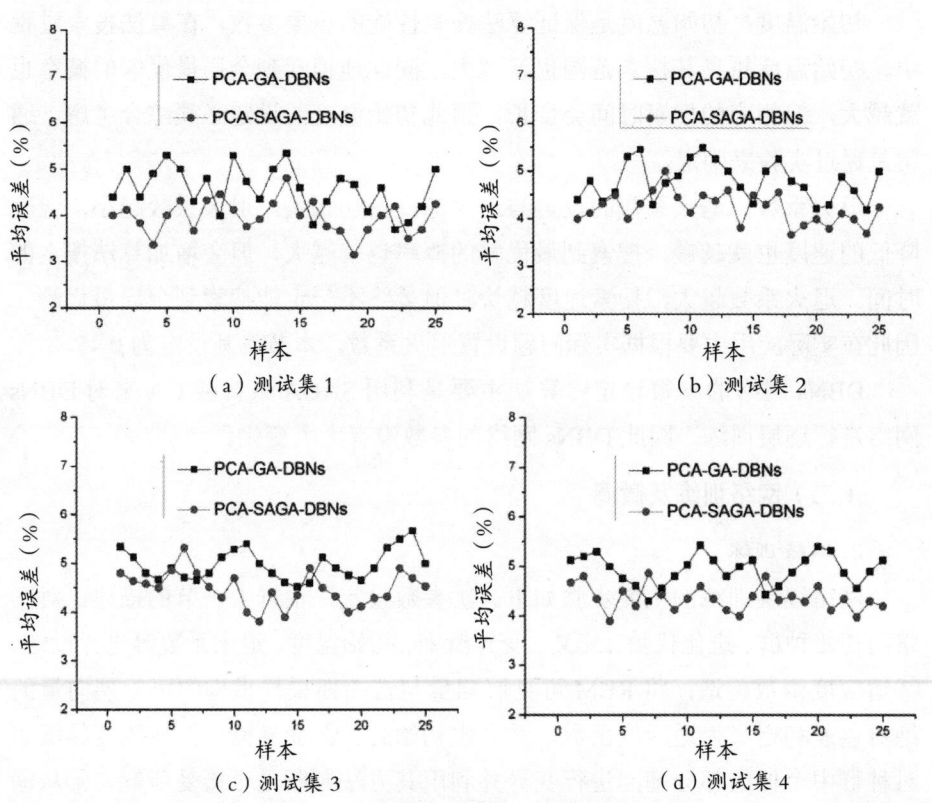

图 4-2 两种算法的平均识别误差

对于全部的测试集 PCA-SAGA-DBNs 的平均识别误差（4.67%）略低于 PCA-GA-DBNs 的平均识别误差（5.13%），且 PCA-SAGA-DBNs 的识别时间也是略低于 PCA-GA-DBNs，PCA-SAGA-DBNs 的识别结果更加稳定。根据前面的实验不难发现：PCA-SAGA-DBNs 网络的识别结果优于 PCA-GA-DBNs 网络。分析其原因可知，PCA-GA-DBNs 网络的逐层训练是通过 GA

来完成的，GA 在训练样本较大的情况下，由于其爬山能力不足，容易出现早熟收敛的现象，网络的非凸目标函数容易陷入局部最优，最终影响识别效果。而 PCA-SAGA-DBNs 网络的逐层训练是通过 SAGA 来进行的，SAGA 结合了 SA 算法和 GA 的优势，具有超强的全局搜索能力并且不会陷入局部最优。利用该算法对 DBNs 网络进行逐层训练，不仅克服了 GA 爬山能力弱和容易出现早熟收敛现象的缺陷，还提高了识别精度和识别速度。

四、三种改进算法的比较

为了建立一个具有较好识别效果、良好稳定性和鲁棒性的人脸识别系统，本文结合神经网络、深度学习等机器学习理论共改进了三种算法：PCA-GA-BP 网络、PCA-GA-DBNs 网络、PCA-SAGA-DBNs 网络。三种改进算法根据递进的方式进行优化。首先针对 BP 神经网络在人脸识别过程中，因人脸图像数据量大易陷入局部最优的问题，分别利用 PCA 算法和 GA 对其进行优化构成 PCA-GA-BP 网络。然后针对 PCA-GA-BP 网络在训练样本逐渐增大时，因其学习能力和非线性映射能力不足，影响人脸识别效果的问题，提出利用学习能力和非线性映射能力超强的 DBNs 网络替换 BP 神经网络，构成 PCA-GA-DBNs 网络。最后针对在训练样本较大的情况下，GA 爬山能力弱，容易出现早熟收敛现象的问题，利用搜索能力更强且不会陷入局部最优的 SAGA 替换 GA，构成 PCA-SAGA-DBNs 网络。

为了给出本文推荐的人脸识别算法，下面对这三种改进算法进行对比分析。从训练集中随机抽取 2000 幅人脸图像作为这三种算法的训练集，同时利用测试集1、测试集2、测试集3、测试集4进行测试，在相同的条件下，对这三种改进算法进行实验并将15次实验的平均结果作为最终结果。详见图4-3 三种改进算法的平均识别误差。

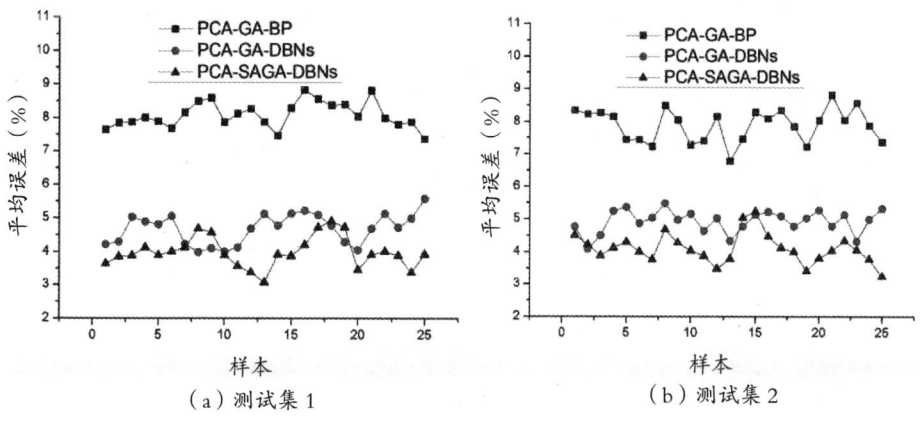

（a）测试集 1　　　　　　（b）测试集 2

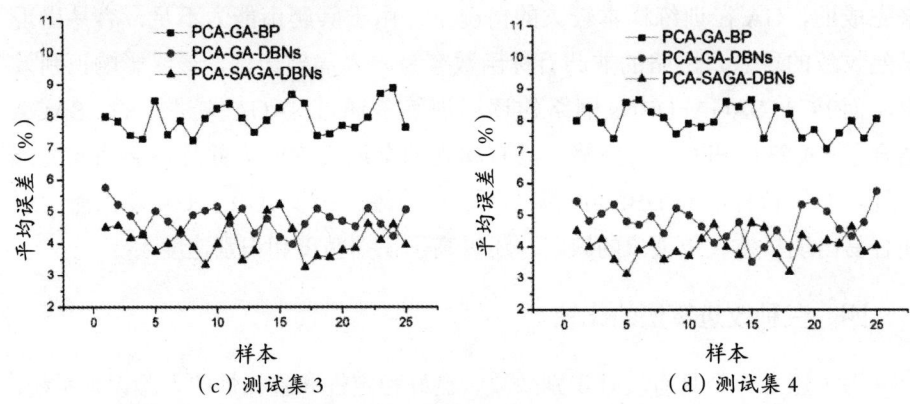

(c) 测试集3   (d) 测试集4

图 4-3 三种改进算法的平均识别误差

PCA-SAGA-DBNs 网络的平均识别误差最低（4.13%），其次为 PCA-GA-DBNs 网络（4.64%）和 PCA-GA-BP 网络（7.88%），且 PCA-SAGA-DBNs 网络的平均识别时间最短且具有较好的稳定性，因此该算法为本文推荐的人脸识别算法。

第五章　深度学习在生物辨识系统中的应用研究——以虹膜图像加密为例

能够进行加密的生物特征需要满足唯一性、稳定性、非侵犯性等特点，虹膜不但满足上述要求，而且特征信息丰富，抗攻击能力强，具有优秀的加密潜质。虹膜图像加密已经成为图像加密领域的一个重要分支，在图像加密中担当着重要角色。本章从虹膜图像加密过程与图像预处理和基于深度学习的虹膜图像加密研究两个维度，以虹膜图像加密为例，对深度学习在生物辨识系统中的应用进行了研究。

第一节　虹膜图像加密过程与图像预处理

虹膜具有唯一性、稳定性、防侵犯性等特质，这是其能够应用于图像加密领域的至关重要的因素，较其他的生物组织结构，虹膜更加适用于加密等高安全性领域。

一、算法概述

虹膜图像加密与解密流程如图5-1所示。虹膜图像经过预处理后，进行加密密钥与解密密钥的生成，生成的密钥用于图像加密与解密。在加密阶段，首先对虹膜进行预处理，提取出虹膜特征，为了提高解密成功率，需要对预处理后的虹膜特征向量进行RS编码。将提取的虹膜特征向量作为密钥，采用图像加密算法对原始图像进行加密与解密。

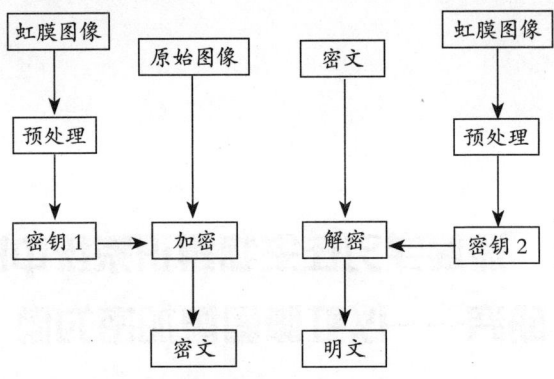

图 5-1 虹膜图像加密与解密流程

二、相关知识

对虹膜进行图像采集、预处理和特征提取的整个过程中，由于会受到外界环境等许多因素的影响，前后两次特征提取得出的虹膜特征向量不能够做到完全一样。然而在图像加密算法中，需要保证加密方采用的加密密钥和解密方采用的解密密钥完全一致。这就产生了一个严重的矛盾：虹膜特征向量不一致和密钥的严格相符之间的矛盾。Reed-Solomon 纠错码（简称 RS 码）能够解决这一矛盾，它由原始码和校验码两部分组成，原始码包含原始数据，校验码是对原始码进行一定的规则运算后产生的数据码。由于外界因素的干扰，原始码不同的时候，就是出错的时候，可依靠校验码对原始码进行校正，保证最终得出相一致的原始码。RS 码见表 5-1。

表 5-1 RS 码

应用领域	编码方案
硬盘驱动器	RS（32，28）码
CD	交叉交织 RS 码（CIRC）
DVD	RS（208，192）码、RS（182，172）乘积码
DAB、DVB	卷积码、RS（204，188）码的级联
ATSC	卷积码、RS（204，187）码的级联
深空通信	卷积码、RS（255，223）码的级联
光纤通信	RS（255，239）码

在 RS 码编码理论中，$GF(2^m)$ 域中符号个数为 2^m，而且域具有一个重要的性质：$a^0, a^1, a^2 \cdots a^{m-1}$ 的和具有一个十分重要的功能，就是它们可十分方便且准确地代表域中元素。$GF(2^m)$ 的本原多项式为 $p(x)=x^m+x+1$，因此，$GF(2^4)$ 的所有的元素满足本原多项式：$a^3+a+1=0$。由此可计算出域 $GF(2^4)$ 的所有元素。

本原多项式能够有如此大的用途，最主要的决定因素是 $\dfrac{x^{2m-1}+1}{p(x)}$ 的余式为 0，利用本原多项式 $p(x)$ 可产生除 0 和 1 以外的所有元素。

RS 码属于系统线性块码，包括信息位和监督位两部分。简单地说，所谓的"块码"意味着仅仅利用当前源数据生成码字，而不是利用前后的数据生成码字（因此，前后数据相关码被称为卷积码）。RS 码的组织结构如图 5-2 所示。

由图可知，RS 码由 n，k，t 组成。n 和 k 之间的差（通常称为 $2t$）代表码字中的校验字的长度。RS 码可校正不超过 $t=(n-k)/2$ 个误差。

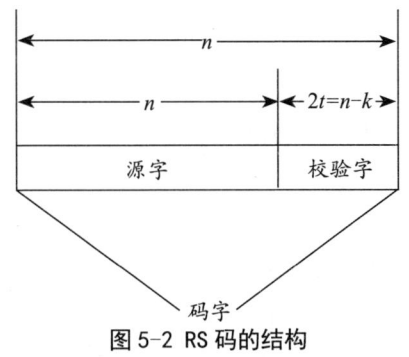

图 5-2 RS 码的结构

三、加密与解密

虹膜图像加密算法首先对虹膜图像进行图像预处理，然后进行 RS 编码，利用预处理后的虹膜图像生成密钥，结合传统图像加密算法对原始图像进行加密和解密处理，如图 5-3 所示。

加密过程可描述成以下步骤：①首先利用设备进行虹膜图像采集，然后对采集图像进行预处理；②采用 RS 码对预处理后的图像矩阵 V_1 进行编码，然后计算加密密钥 V_{k1}；③利用加密密钥 V_{k1} 与图像矩阵对应像素点灰度值进行异或运算，得出加密图像，完成整个加密过程。

解密过程是在加密方进行图像加密之后，并在收到加密方传输的图像密文和 RS 码之后，采用加密算法的逆向算法，实现对密文的破译的。但是本节采用的算法并不是完全的逆变换。解密过程步骤：①对解密方进行虹膜图像采集，然后预处理虹膜图像，得到图像 V_2；②由于 V_2 和 V_1 有的数值在某些维度上可能存在差异，利用 RS 码对特征向量 V_2 进行纠错，得到解密密钥 V_{k2}；③利用解密密钥 V_{k2} 与加密图像矩阵对应像素点灰度值进行异或运算，得出解密图像，完成整个解密过程。

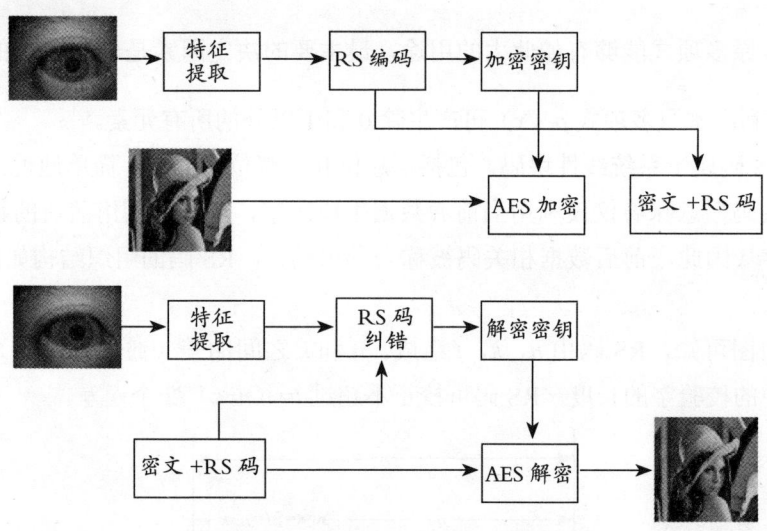

图 5-3　虹膜图像加密与解密图

四、实验部分

图 5-4 显示了虹膜图像加密与解密的过程，首先采集虹膜图像进行预处理，如图 5-4b 和图 5-4c 所示。图 5-4d 所示为归一化。为了降低加密与解密过程中不可避免因素对虹膜图像的影响，采用 RS 编码实现对虹膜图像的编码和纠错，如图 5-4e 所示。密文如图 5-4f 所示。整个实验在 Matlab2012a 软件环境下进行。

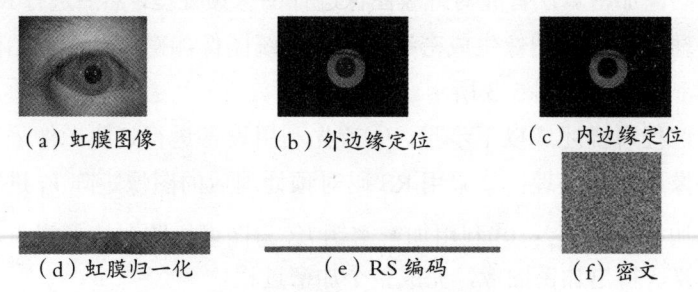

（a）虹膜图像　　（b）外边缘定位　　（c）内边缘定位

（d）虹膜归一化　　（e）RS 编码　　（f）密文

图 5-4　虹膜图像加密与解密

对同一个人先后两次采集虹膜图像进行特征提取后，产生特征向量 v_1 和 v_2，随机选择 n 组进行相似性匹配，依据公式 $s=\dfrac{1}{n}\sum_{j=1}^{n}\dfrac{\sqrt{\sum_{i=1}^{256}(V_{1i}-V_{2i})^2}}{(|V_1|+|V_2|)/2}$ 计算特征向量之间的差异度，差异度结果见表 5-2。

表 5-2 两人虹膜特征的差异度

组数	5	10	20	30	40
差异数	40.56%	41.68%	39.64%	38.87%	39.33%

从表中可以看出，同一个人在不同情况下采集的虹膜图像进行的特征提取差异度大约在 39%。图像加密算法要求加密密钥与解密密钥必须吻合才能够成功实现解密，因此采用 RS 码来解决这一问题。经 RS 码编码和纠错后，再次随机选择 n 组特征向量进行相似性匹配，差异度结果见表 5-3。

表 5-3 RS 码编码和纠错后特征向量之间的差异度

组数	5	10	20	30	40
差异数	0%	0%	0%	0%	0%

从表中可以看出，经 RS 码纠错后，加密密钥与解密密钥已经达成吻合，然后采用 AES 图像加密算法，实现对原始图像的加密处理，从而实现对原始图像所包含的重要信息进行隐藏，结果如图 5-5 所示。

（a）原始图像

（b）加密图像

（c）解密图像

图 5-5 虹膜图像加密结果

五、算法分析

实验所用虹膜图像数据集来自 CASIA 虹膜数据库，从解密精确度和安全性两个方面进行算法评估。

（一）解密精确度分析

加密算法要求非法的密钥不能够进行密文的成功解密，因此，FAR（误识率）必须等于 0。图像采集过程中存在一些不可避免的外界干扰，导致虹膜图像不能够完全一样，因此，生成的加密密钥和解密密钥不能够完全一致，合法用户并不能够绝对成功地解密，如表 5-4 所示。

表 5-4 典型阈值对应的 FAR 和 FRR（拒识率）

阈值 T	FAR（%）	FRR（%）
110	0	9.6532
111	0	8.3055
112	0	7.5093
113	0	6.8133
114	0	6.0496
115	0	5.3865
116	0	5.0892
117	0	4.8653
118	0	4.2367
119	0.0105	3.9655
120	0.0233	3.5636

从表 5-4 中可以看出，在 T=116 时，FAR=0，FRR=5.0892%，RS 码采用（488，256）编码。也就是说非法密钥无法进行成功解密，合法密钥用户有 5.0892% 需要进行两次及更多次解密才能实现成功解密，这种情况也在应用可接受范围内。

（二）安全性分析

从表 5-4 可以看出，在 T=116 时，FAR=0，此时非法用户无法进行成功解密，也就是非法解密的可能性为 0。

加密完成后进行密文和 RS 码的传输，依据此是无法进行明文的恢复的，说明加密算法具有单向性。当依据 RS 码对密钥进行攻击时，只能够进行猜测，在 T=116 时，密钥长度为 256 的密钥被攻破的概率为

$$p = \frac{\sum_{i=0}^{T}\left(15^i \times C_{256}^i\right)}{16^{256}} \approx 2^{-359}$$

，因此该算法安全性很高。

第二节 基于深度学习的虹膜图像加密研究

虹膜与其他生物组织相比，性能更好，更适用于图像加密等高安全要求领域。基于深度学习的虹膜图像加密与解密算法不仅在加解密精确度上取得了进步，而且通过改进，使得加密方与解密方之间不用进行密钥的传输，防止了不法分子针对密钥进行恶意攻击，保证了在加解密过程中重要环节的安全。

一、算法概述

基于深度学习的虹膜图像加密与解密算法整体框架如图 5-6 所示。深度学习通过训练样本对模型进行训练，由于受各个样本差异的影响，加密时提取的特征向量不能够与解密时的特征向量完全一样，因此，需要引入 RS 码对解密特征向量进行纠错，从而保证解密的顺利进行。

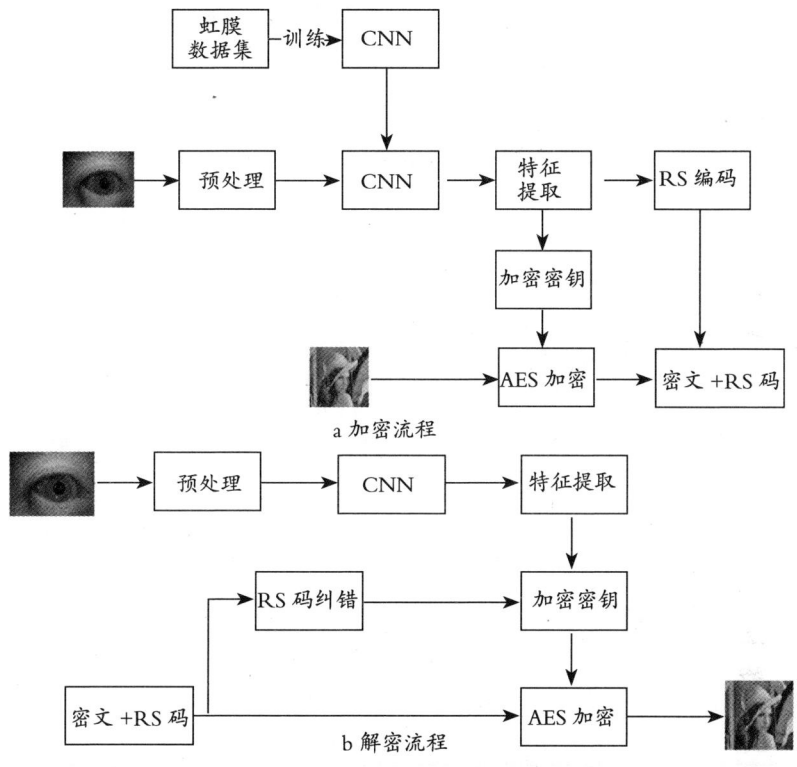

图 5-6 基于 CNN 的虹膜图像加密与解密流程

在整个加密与解密过程之前，需要先进行深度学习模型的训练，本节选择采用 CNN（卷积神经网络）模型进行虹膜图像的特征提取。经过虹膜数据集的训练，将训练好的 CNN 模型应用于虹膜特征提取，进行加密与解密计算。

在加密过程中，首先把虹膜图像输入 CNN 提取特征向量，然后进行 RS 编码，计算出密钥数据，与原始待加密图像数据进行异或运算，可得出加密图像。

在解密过程中，首先把虹膜图像输入 CNN 提取特征向量，由于加密与解密两个过程中得出的特征向量不能够完全一样，需要对解密时提取的特征向量进行 RS 码纠错，计算出密钥，用同样的方式与密文数据进行异或处理，即可得出原始图像的明文数据。

二、加密与解密

虹膜图像加密算法首先需要对虹膜进行特征提取，所有的传统算法存在一个共同的问题：虹膜图像采集每次采集的图像不可能完全一模一样，也就是说不同次的虹膜图像之间存在一定的差异度，这会严重地导致加密与解密过程中的密钥不一致，即虹膜图像间的差异问题最终会导致解密的不成功。为了能够成功实现加密与解密操作，首先需要解决虹膜图像的差异问题。针对这种差异问题，一些研究者引入了阈值，这在一定程度上缓解了虹膜差异，却在图像加密问题上严重降低了加密的安全性。因此，本节针对这一问题，采用了新的虹膜图像处理算法，力图提高图像加密的安全性，并保证解决虹膜图像之间的差异问题。

着力于解决上述传统的虹膜图像加密算法遇到的问题，本节提出用深度学习进行虹膜特征提取，来生成密钥进行图像加密。

（一）加解密原理

基于深度学习的虹膜图像加密算法，首先对采集的虹膜图像数据集进行归一化等预处理，然后采用深度学习神经网络模型对虹膜图像进行特征提取。提取的特征向量用于密钥的生成，最后将密钥与原始图像像素值进行异或运算。

（二）加解密过程

加密过程可描述成以下步骤：①对虹膜数据集进行归一化预处理，利用虹膜数据集训练深度学习神经网络模型；②加密方采集虹膜图像，输入训练好的深度学习模型，实现对特征向量 V 的提取，特征向量 V_1 的维数可根据采用的图像加密算法进行调整；③采用 RS 码对特征向量 V 进行编码，然后计算出加密密钥 V_{k1}；④利用加密密钥 V_{k1} 与图像矩阵对应像素点灰度值进行异或运算，得出加密图像，完成整个加密过程。

解密过程是在加密方进行图像加密之后，并在收到加密方传输的图像密文和 RS 码之后，采用加密算法的逆向算法，实现对密文的破译的。但是本节采用的算法并不是完全的逆变换。

解密过程步骤：①对解密方进行虹膜图像采集，输入到训练好的深度学习模型，实现虹膜特征向量 V_2 的提取；②由于 V_2 和 V_1 的数值在某些维度上可能存在差异，利用 RS 码对特征向量 V_2 进行纠错，得到解密密钥 V_{k2}；③利用解密密钥 V_{k2} 与加密图像矩阵对应像素点灰度值进行异或运算，得出解密图像，完成整个解密过程。

三、实验部分

（一）算法原理

基于深度学习的虹膜图像加密算法，首先对虹膜进行预处理来提取出图像中的虹膜部分，将得出的虹膜图像组成虹膜数据集对深度学习模型进行训练，实现对虹膜的特征提取。提取的特征向量进行 RS 编码后作为密钥，与原始图像矩阵对应灰度值进行异或运算。解密过程，首先采集虹膜图像，输入训练好的深度学习模型，实现特征提取，提取的特征进行 RS 码纠错，产生解密密钥，与加密图像矩阵灰度值再进行一次异或运算，完成解密过程。

（二）实验过程

为了提高算法的可信度和预测性，实验虹膜数据集采用 CASIA 虹膜数据库公共版，将数据集分成训练集和测试集。原始采集的虹膜图像包含人脸、睫毛等无关干扰因素，首先对其进行虹膜定位、分割、归一化处理。

预处理后的虹膜图像，去除了部分人脸、睫毛等干扰因素，只包含虹膜部分，将其进行 RS 编码。对虹膜图像进行 RS 编码的目的是防止在解密过程中进行特征提取时提取的虹膜特征向量与加密时提取的虹膜特征向量不一致，RS 码可提高密钥容错性，确保加密密钥与解密密钥的一致，提高成功解密的概率，降低操作复杂度。

对虹膜进行特征学习的深度学习模型采用 CNN，数据集共包含虹膜图像 400 张，共 10 类，每一类 40 张图像，其中样本分为训练样本和测试样本，分别为 300 张、100 张。CNN 结构采用五层网络层，卷积处理采用 5×5 的卷积滤波器，降采样层为 2×2 的池化滤波器。网络训练后，训练精确度与测试精确度如图 5-7 所示。

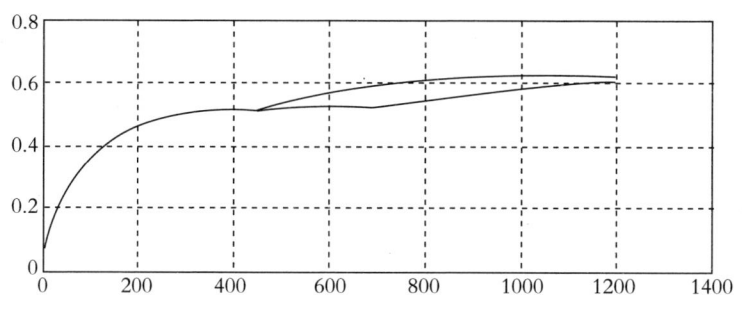

图 5-7 训练与测试精确度

在加密的过程中，完成对 CNN 的训练之后，采集一张人眼图像，进行密钥的生成，将加密密钥与待加密图像进行 AES 运算，实现加密过程，如图 5-8 所示。

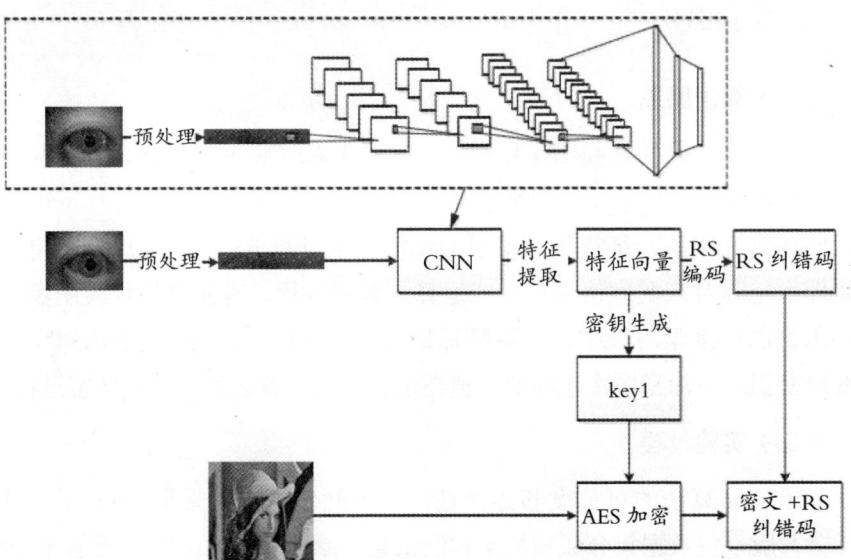

图 5-8　基于深度学习的虹膜图像加密

以上完成了基于深度学习的虹膜图像加密过程，解密过程采用训练好的 CNN 模型实现加密过程的逆运算。

（三）实验结果

对同一个人先后两次采集虹膜图像进行特征提取后，产生特征向量 V_1 和 V_2，随机选择 n 组进行相似性匹配，依据公式 $s = \frac{1}{n}\sum_{j=1}^{n}\frac{\sqrt{\sum_{i=1}^{256}(V_{1i}-V_{2i})^2}}{(|V_1|+|V_2|/2)}$ 计算特征向量之间的差异度，结果见表 5-5。

表 5-5　两人虹膜数据特征向量之间的差异度

组数	5	10	20	30	40
基于深度学习虹膜图像加密差异度	9.32%	9.64%	8.98%	9.06%	9.15%
虹膜图像加密差异度	40.56%	41.68%	39.64%	38.87%	39.33%

从表 5-5 中可以看出，同一个人在不同情况下采集的虹膜图像进行的特征提取差异度大约在 9%，有明显改善。图像加密算法要求加密密钥与解密密钥必须吻合才能够成功实现解密，也就是说特征向量差异度为 0 才能够成功作为密钥进行加密与解密。因此采用 RS 码来解决这一问题。经对比，提取出的 256 维特征向量经 RS 码编码和纠错后，特征向量再次随机选择 n 组进行相似性匹配，依据公式计算特征向量之间的相似度，结果如表 5-6 所示。

表5-6　RS码编码和纠错后特征向量之间的相似度

组数	5	10	20	30	40
差异数	0%	0%	0%	0%	0%

经RS码纠错后，加密密钥与解密密钥已经达成吻合，然后对图像进行AES加密，如图5-9所示。

　　a 原始图像　　　　　　　b 加密图像　　　　　　　c 解密图像

图5-9　基于深度学习的虹膜图像加密与解密

四、算法分析

实验所用虹膜图像数据集来自CASIA虹膜数据库，为验证算法的可行性，从解密精确度和安全性两个方面进行算法评估。

（一）解密精确度分析

加密算法要求非法的密钥不能够进行密文的成功解密，因此，FAR必须等于0。图像采集过程中存在一些不可避免的外界干扰，导致虹膜图像不能够完全一样，因此，生成的加密密钥和解密密钥不能够完全一致，合法用户并不能够绝对成功地解密，如表5-7所示。

表5-7　典型阈值对应的FAR和FRR

阈值 T	FAR（%）	FRR（%）
87	0	2.3685
88	0	2.0657
89	0	2.0068
90	0	1.6359
91	0	1.4865
92	0	1.2966
93	0.0068	1.0594
94	0.0165	0.8362
95	0.0982	0.6893
96	0.2658	0.5539
97	0.4953	0.3899

从表 5-7 中可以看出，在 T=92 时，FAR=0，FRR=1.2966%，RS 码采用（440，256）编码。也就是说非法密钥无法进行成功解密，合法密钥用户有 1.2966% 需要进行两次及更多次解密才能实现成功解密，这种情况也在应用可接受范围内。

（二）安全性分析

从表 5-7 可以看出，在 T=92 时，FAR=0，此时非法用户无法进行成功解密，也就是非法解密的可能性为 0。

加密完成后进行密文和 RS 码的传输，依据此是无法进行明文的恢复的，说明加密算法具有单向性。当依据 RS 码对密钥进行攻击时，只能够进行猜测，在 T=92 时，密钥长度为 256 的密钥被攻破的概率为 $p=\dfrac{\sum_{i=0}^{T}\left(15^{i}\times C_{256}^{i}\right)}{16^{256}}\approx 2^{-248}$。此算法比传统的虹膜图像加密算法被攻破的概率小很多，因此安全性更高。引入深度学习算法进行密钥生成，可大幅度降低密钥被攻破的概率，对提高加密安全性具有重要作用。

第六章　基于人脸识别与深度学习的身份验证系统设计及应用研究

随着科技的发展人们已经进入大数据时代，互联网技术和计算机技术发展迅速，网络的普及十分广泛，信息交互技术日益成熟。人们在普遍采用网络途径进行信息传输的同时，也滋生了许多信息安全的问题。随着网络进入各个领域，信息传输的安全性日益影响着个人、企业甚至国家的安全。本章重点介绍了身份验证系统的发展与应用概述、身份验证系统相关技术概述、身份验证系统需求分析与深度学习环境搭建、身份验证系统的整体框图及设计与实现。

第一节　身份验证系统的发展与应用概述

身份认证是指在计算机网络系统中确认操作者身份的过程。计算机系统和计算机网络是一个虚拟的数字世界。在这个数字世界中，一切信息包括用户的身份信息都是用一组特定的数据来表示的，计算机只能识别用户的数字身份，所有对用户的授权也是针对用户数字身份的授权。而我们生活在真实的物理世界中，每个人都拥有独一无二的物理身份。在计算机网络系统中如何使操作者的物理身份和数据身份相对应至关重要，身份认证技术就是为了解决这一问题的。

一、身份认证技术简介

信息系统中，对用户的身份认证手段大体可以分为三种，一是根据只有你所知道的信息来证明你的身份（what you know），比如口令等，通过询问这个信息就可以确认这个人的身份；二是根据只有你所拥有的东西来证明你的身份（what you have），典型的例子如身份证、印章等，通过出示这个东西也可以确认个人的身份；三是直接根据你独一无二的身体特征来证明你的身份（who you are），比如指纹、面貌等。仅通过一个条件的符合来证明一个人的身份称为单因子认证，通过组合两种不同条件来证明一个人的身份，称为双因子认证。

身份认证技术从根据是否使用硬件可以分为软件认证和硬件认证；从认证需要验证的条件来看，可以分为单因子认证和双因子认证；从认证信息来看，可以分为静态认证和动态认证。身份认证技术的发展，经历了从软件认证到硬件认证、从单因子认证到双因子认证、从静态认证到动态认证的过程。现在计算机及网络系统中常用的身份认证方式主要有以下几种：

（一）用户名/密码方式

用户名/密码是最简单也是最常用的身份认证方法，它是基于"what you know"的验证手段。每个用户的密码是由这个用户自己设定的，只有他自己才知道，因此只要能够正确输入密码，计算机就认为他就是这个用户。然而实际上，许多用户为了便于记忆，经常将诸如生日、电话号码等容易被他人猜测到的有特殊含义的字符串作为密码，或者把密码抄在一个自己认为安全的地方，这都存在着许多安全隐患，极易造成密码泄露。况且，这些密码由于在计算机中是静态的，并且在验证过程中需要在计算机内存中和网络中传输，而每次验证过程使用的验证信息都是相同的，很容易被驻留在计算机内存中的木马程序或网络中的监听设备截获。因此用户名/密码方式是一种极不安全的身份认证方式。可以说基本上没有任何安全性可言。

（二）IC卡认证

IC卡是一种在卡片中内置了集成电路，存有与用户身份相关的数据，由专门的厂商通过专门的设备生产的硬件，可以认为是不可复制的硬件。IC卡由合法用户随身携带，登录时必须将IC卡插入专用的读卡器读取其中的信息，以验证用户的身份。IC卡认证是基于"what you have"的手段，通过IC卡硬件不可复制来保证用户身份不会被仿冒的。然而同用户名/密码一样，从IC卡中读取的数据也是静态的，用户的身份验证信息还是很容易被内存扫描或网络监听等技术截获的。因此，静态验证的方式存在根本的安全隐患。

（三）动态口令

动态口令技术是一种让用户的密码按照时间或使用次数不断动态变化，每个密码只使用一次的技术。它采用一种动态令牌的专用硬件，内置电源、密码生成芯片和显示屏，密码生成芯片运行专门的密码算法，根据当前时间或使用次数生成当前密码并显示在显示屏上。网管中心的认证服务器采用相同的算法计算当前的有效密码。用户使用时只需要将动态令牌上显示的当前密码输入客户端计算机，即可实现身份的确认。由于每次使用的密码必须由动态令牌来产生，只有合法用户才持有该硬件，因此只要密码验证通过就可以认为该用户的身份是可靠的。而用户每次使用的密码都不相同，即使黑客截获了一次密码，也无法利用这个密码来仿冒合法用户的身份。

虽然动态口令技术采用一次一密的方法，有效地保证了用户身份的安全性。但是如果客户端硬件与服务器端程序的时间或次数不能保持良好的同步，就可能发生合法用户无法登录的问题。并且用户每次登录时还需要通过键盘输入一长串无规律的密码，一旦看错或输错就要重新进行，用户的使用非常不方便。

（四）生物特征认证

生物特征认证是指采用每个人独一无二的生物特征来验证用户身份的技术。常见的有指纹识别、虹膜识别等。从理论上说，生物特征认证是最可靠的身份认证方式，因为它直接使用人的物理特征来表示每一个人的数字身份，不同的人具有相同生物特征的可能性几乎为零，因此几乎不可能被仿冒。

生物特征认证基于生物特征识别技术，受到现在的生物特征识别技术成熟度的影响，采用生物特征认证还具有较大的局限性。首先，生物特征识别的准确性和稳定性还有待提高，特别是如果用户身体受到伤病或污渍的影响，往往导致无法正常识别，会出现合法用户无法登录的情况。其次，由于研发投入较大而产量较小，生物特征认证系统的成本非常高，目前只适合于一些安全性要求非常高的场合，如银行、军工等行业，还无法做到大面积推广。

（五）USB Key 认证

基于 USB Key 的身份认证方式是近几年发展起来的一种方便、安全、经济的身份认证技术，它采用软硬件相结合一次一密的强双因子认证模式，很好地解决了安全性与易用性之间的矛盾。USB Key 是一种使用 USB 接口的硬件设备，它内置单片机或智能卡芯片，可以存储用户的密钥或数字证书，它利用 USB Key 内置的密码学算法实现对用户身份的认证。基于 USB Key 的身份认证系统主要有两种应用模式：一是基于冲击/响应的认证模式；二是基于 PKI 体系的认证模式。

二、基于 USB Key 认证的应用

基于 USB Key 的身份认证系统主要有两种应用模式：一种是基于冲击/响应的认证模式，另一种是基于 PKI 体系的认证模式。每个 USB Key 硬件都

具有用户 PIN 码，以实现双因子认证功能。

冲击/响应认证模式的过程如下。当需要在网络上验证用户身份时，先由客户端向服务器发出一个验证请求。服务器接到此请求后生成一个随机数并通过网络传输给客户端（此为冲击）。客户端将收到的随机数提供给插在客户端上的 USB Key，由 USB Key 使用该随机数与存储在 USB Key 中的密钥进行带密钥的单向散列运算并得到一个结果作为认证证据传送给服务器（此为响应）。与此同时，服务器也使用该随机数与存储在服务器数据库中的该客户密钥进行单向散列运算，二者结果相比较，如果相同则认为客户端是一个合法用户。

"R"代表服务器提供的随机数，"Key"代表密钥，"X"代表随机数和密钥经过单向散列运算后的结果。通过网络传输的只有随机数"R"和运算结果"X"，用户密钥"Key"既不在网络上传输又不在客户端电脑内存中出现，网络上的黑客和客户端电脑中的木马程序都无法得到用户的密钥。由于每次认证过程使用的随机数"R"和运算结果"X"都不一样，即使在网络传输的过程中认证数据被黑客截获，黑客也无法逆推获得密钥。这就从根本上保证了用户身份无法被仿冒。

冲击/响应的认证模式可以保证用户身份不被仿冒，但却无法保护用户数据在网络传输过程中的安全。因为它只是鉴别了用户身份，对数据并没有做任何处理。而基于 PKI 体系的认证模式可以有效保证用户的身份安全和数据安全。它利用一对互相匹配的密钥进行加密和解密。每个用户自己设定一把特定的仅为本人所知的私有密钥（私钥），用它进行解密和签名；同时设定一把公共密钥（公钥），由本人公开，为一组用户所共享，用于加密和验证签名。当发送一份保密文件时，发送方使用接收方的公钥对数据加密，而接收方则使用自己的私钥解密，这一加解密过程是一个不可逆过程，即只有用私有密钥才能解密，这样就保证了信息可以安全无误地到达目的地。用户也可以采用自己的私钥对发送信息加以处理，形成数字签名。由于私钥为本人所独有，因此可以确定发送者的身份，防止发送者对发送信息的抵赖性。接收方通过验证签名还可以判断信息是否被篡改过。在公开密钥基础架构技术中，最常用的一种算法是 RSA 算法，其数学原理是将一个大数分解成两个质数的乘积，加密和解密用的是两个不同的密钥。即使已知明文、密文和加密密钥（公开密钥），想要推导出解密密钥（私密密钥），在计算上是不可能的。按现在的计算机技术水平，要破解目前采用的 1024 位的 RSA 密钥，需要上千年的计算时间。

由于 USB Key 具有安全可靠、便于携带、使用方便、成本低廉的优点，加上 PKI 体系完善的数据保护机制，使用 USB Key 存储数字证书的认证方式已经成为目前的主流。

信息安全越来越受到人们的重视。建立信息安全体系的目的就是保证存储在计算机及网络系统中的数据只能够被有权操作的人访问，也就是对"人"的权限控制，即对操作者物理身份的权限控制。数据存在的价值就是能够被有权限的人所利用。然而，如果没有有效的身份认证手段，这个有权访问者的身份就很容易被伪造，那么，不论投入再多的资金，建立再坚固安全的防范体系都形同虚设。大家熟悉的如防火墙、入侵检测、安全网关、安全目录等，与身份认证系统有什么区别和联系呢？我们从这些安全产品实现的功能来分析就明白了：防火墙保证了未经授权的用户无法访问相应的端口或使用相应的协议；入侵检测系统能够发现未经授权用户攻击系统的企图；安全网关保证了用户无法进入未经授权的网段；安全目录保证了授权用户能够对存储在系统中的资源进行迅速定位和访问。这些安全产品实际上都是针对用户数字身份的权限管理的，它们解决了哪个数字身份对应能干什么的问题。而身份认证解决了用户的物理身份和数字身份相对应的问题，提供了权限管理的依据。

如果把信息安全体系看作一个木桶，那么这些安全产品就是组成木桶的一块块木板，而整个系统的安全性取决于最短的一块木板。这些模块在不同的层次上阻止了未经授权的用户访问系统，这些授权的对象都是用户的数字身份。而身份认证模块就相当于木桶的桶底，它负责保证物理身份和数字身份的统一，如果桶底是漏的，那么桶壁上的木板再长也没有用。因此，身份认证是整个信息安全体系最基础的环节，身份安全是信息安全的基础。

第二节　身份验证系统相关技术概述

一、身份验证系统

生物识别技术的持续发展，使得更加便捷和安全的身份验证方式开始被人们所接受，但同时对于该技术的安全性和可靠性也有了进一步的要求，而人脸识别技术作为当前最为安全、先进和便捷的生物识别技术之一，如何将它合理地应用到生活中也变得尤为重要。而随着互联网技术的飞速发展，以及人工智能在生活中的逐步崛起，如何将人工智能和人脸识别应用到生活中已经成为人们研究的热点。基于人脸识别与深度学习的身份系统将人脸识别采用深度学习的方法实现，同时与移动物联网技术巧妙地融合在了一起，该系统充分利用了人脸识别技术的高度安全性和可靠性,与传统的密码相结合以后在保留传统的账号密码登录的情况下使用人脸来验证身份,而且具备了实时查看签到状态、桌游聊天等新功能。相关技术主要包括三大方面:人脸识别算法、深度学习、移动互联网技术。

二、人脸识别

(一)人脸识别概述

人脸识别,顾名思义,是通过一个人的脸部信息来判断这个人的身份。它是一种用手机或者电脑的摄像头采集含有人脸的图片,在图片中检测出人脸,通过对比图片中人脸的特征跟数据库中预存的特征模板的差别,判断案例身份的生物识别技术,也叫人像识别、面部识别。

人脸识别系统的研究始于20世纪60年代,20世纪80年代后随着计算机技术和光学成像技术的发展人脸识别系统的水平得到进一步提高,而人脸识别系统真正进入初级的应用阶段则是在20世纪90年代后期,并且以美国、德国和日本的技术实现为主。

人脸识别也是图像识别中的一种,这里补充介绍一些图像识别中的基本概念。

RGB(Red-Green-Blue)是一种色彩模式,是通过对红(R)、绿(G)、蓝(B)三个颜色通道的变化以及它们相互之间的叠加来得到各式各样的颜色的。

特征(Feature):指一种模式区别于另一种模式的相应(本质)特点或特性。

(二)人脸识别算法

在研究人脸识别算法的过程中,主要对下列四种算法进行了研究比对。

①基于几何特征的方法。人脸由眼睛、鼻子、嘴巴、下巴等器官组成,而由于每个人的这些器官的形状、大小和结构都存在着各种各样的差异,世界上每个人都是独一无二的,因此对这些器官的形状和结构关系的几何描述,可以用来作为实现人脸识别的方法。

②局部特征分析方法。局部特征分析法,顾名思义,由于整体的复杂性,无法较为轻松地提取物体的特征并加以判断,此时就可以从局部特征入手,局部性和拓扑性的特征对于判断整体来说,有时候更简洁明了,就像卵生、鳞甲是爬行类生物的局部特征一样,可作为判断身份的重要依据之一,而在人脸图片中局部的灰度值、直方图特征值就是显著的轮廓标志之一。

③基于特征脸的方法。特征脸的基本思想是,根据统计的观点,寻找人

脸图像分布的基本元素，即人脸图像样本集协方差矩阵的特征向量，以此近似地表征人脸图像。这些特征向量称为特征脸。通过对这些特征向量进行分类即可实现人脸识别。

④基于神经网络的方法。上述方法均需使用人工设计的特征，而由于人类知识的有限性，人工设计的特征经常会有许多局限性，而神经网络则可以进行特征学习。神经网络方法在人脸识别上的应用比起前述几类方法来说，优势明显，因为目前针对人脸识别的许多规律或规则还没有统一的概念和定义，也没有相关的公理公式，现有的一切大都是建立在前人的实验基础上的，而神经网络方法就像一个黑盒子一样，哪怕输入的内容并没有具体的规律和定义，它也可以通过学习的过程获得对这些规律和规则的隐性表达。

（三）深度学习

一般的卷积神经网络算法还属于传统的机器学习算法，而机器学习，从字面上来看，就是让机器拥有学习的能力。它较为常见，使用要求也不高，却在近几年得到了井喷式的发展，原因之一就是大数据时代的到来，使网络算法得到了优化，归根到底就是人们所能获得的数据和数据集更多了，能训练出来的模型更多了。而当网络结构的层数达到一定数量时，多层数的神经网络算法则又被称为深度学习，这也就意味着在一定条件下，深度学习的性能一般是优于传统的机器学习的。下面介绍一些深度学习中的常用概念。

卷积神经网络（Convolutional Neural Network，CNN），是一种前馈神经网络，包含了由卷积层和子采样层构成的特征提取器，用于提取特征向量。

激活函数，又叫修正线性单元，它可以有效克服梯度消失的问题，加快训练速度。

最大值池化，在卷积后，通常都会接一个池化的操作。这是为了降低特征向量的维度，便于下一步的操作。

特征向量，它是线性代数中的一个概念，是一个向量，用在计算机的图像识别中，各种维度的值代表了图像的不同特征值。

Softmax函数，这是一个归一化的指数函数，主要用于将特征值归一化到（0，1）的范围内，以便于卷积计算。

反向传播算法，它是目前用来训练人工神经网络的最常用且最有效的算法。其主要思想：①将训练集数据输入人工神经网络的输入层，经过隐藏层，最后到达输出层并输出结果，这是人工神经网络的前向传播过程。②由于人工神经网络的输出结果与实际结果存在误差，则计算估计值与实际值之间的误差,并将该误差从输出层向隐藏层反向传播,直至传播到输入层;③在反向传播的过程中,根据误差调整各种参数的值;④不断迭代上述过程,直至收敛。

随着技术的发展,为了便于开发,人们开发了各种深度学习的框架,常用框架主要有 Caffe、Tensor Flow 等,它们各有各的特点和优势,同时也都有一定的缺陷。

Caffe 是一种可读性高的、结构清晰的卷积神经网络框架,它是开源框架,核心语言是 C++,支持 Matlab 和 Python 接口。

Tensor Flow 是由谷歌公司推出的第二代人工智能库,也可用作深度学习的框架,支持 Python 接口,是目前最流行的开源框架,但是代码结构较为复杂。

(四)移动互联网技术

在这个信息化高度发达的时代,移动互联网技术也得到了迅速的发展,其中安卓算是手机行业中最为常见、用户数量最为庞大的一个群体代表。

在一个安卓程序中一般都包含了至少一个布局文件,布局文件主要用来设定组件的大小、数量和位置等性质,常见的布局有线性布局、绝对布局、相对布局、框架布局、表格布局。

安卓中有四大组件,分别是活动、服务、广播以及内容提供器。其中,活动就是指人们平常生活中最常见的手机应用的界面;服务,较常见的比如多线程的异步操作的服务等,大都是在后台进行的;广播,主要指显示提示功能,比如手机电量不足的提示等;内容提供器,它们大都是不可见的,主要用来解决系统轻量级的数据存储问题。

安卓移动端采用了 MVC 的设计模式,MVC 就是指的 Model View Controller,是 Model(模型)、View(视图)、Controller(控制器)三个英文单词首字母的缩写,它的目的主要是实现模型和视图的分离,而且代码的逻辑功能部分主要在控制器中实现,在这种模式下代码的结构更为直观清晰,实现起来更容易,也更容易修改扩展,为以后进一步的开发带来了极大的便利。

①模型对象。模型对象封装了应用程序的数据,并定义操控和处理该数据的逻辑和运算。例如,模型对象可能是游戏中的角色或地址簿中的联系人。用户在视图层中所进行的创建或修改数据的操作,通过控制器对象传达出去,最终会创建或更新模型对象。

②视图对象。视图对象是应用程序中用户可以看见的对象。视图对象知道如何将自己绘制出来,并能对用户的操作做出响应。视图对象的主要作用,就是显示来自应用程序模型对象的数据,并使该数据可被编辑。尽管如此,

在 MVC 应用程序中，视图对象通常与模型对象相分离。

③控制器对象。控制器对象在应用程序的一个或多个视图对象和一个或多个模型对象之间充当媒介。控制器对象因此是同步管道程序，通过它，视图对象了解模型对象的更改，反之亦然。控制器对象还可以为应用程序执行设置和协调任务，并管理其他对象的生命周期。控制器对象解释在视图对象中进行的用户操作，并将新的或更改过的数据传达给模型对象。模型对象更改时，控制器对象会将新的模型数据传达给视图对象，以便视图对象可以显示它。

第三节 身份验证系统需求分析与深度学习环境搭建

一、身份验证系统总体需求分析

整个身份验证系统的需求共分为三个部分：人脸识别算法、远程 WEB 服务器和安卓 APP。身份验证系统的总体需求是设计一款基于深度学习算法能利用人脸特征进行身份验证的智能考勤管理应用，达到在识别达到高精度和高速率的同时，弱化设备端、节约硬件成本的目的。

考虑到身份验证系统具有管理大量的考勤刷脸的实际需求，为其设计了远程 WEB 服务器，使其在服务器上利用数据库系统根据每一个签到的唯一标识 ID 来保存该人脸的数据，并接收应用发送的签到消息请求。服务器在整个身份验证系统中承担了中转、管理、数据备份、消息推送等工作，实现了身份验证系统的远程控制。

二、身份验证系统人脸识别算法需求分析

识别技术应用，主要有两个方面的需求，即精度和速度，人脸识别技术也是如此。

（一）精度

精度的判断指标主要有两个：一个是误识率，即将一个人错误地识别为另一个人的概率，这个指数越低越好；另一个是识别率，即识别出这个人是本人的概率，这个指数越高越好。人脸识别技术的识别精度至少需要高于人眼的识别精度，实验数据显示，人眼的识别精度在 LFW 数据集上能达到 99.6%，所以人脸识别技术的识别精度在 LFW 数据集上应超过 97%。

（二）速度

人脸识别是最终要应用到生活中的一种生物识别技术，如果识别速度太慢，甚至不如使用肉眼识别，那就失去了它存在的价值。

深度学习能够满足人脸识别在精度上的需求，卷积神经网络能够满足人脸识别在速度上的需求。虽然训练阶段成本较大，时间上和人力上会有一定花费，但是得到模型后，在开发中使用方便，速度精度都能满足要求，能够满足市场的需求。

三、身份验证系统安卓 APP 需求分析

（一）身份验证系统安卓 APP 功能需求分析

在身份验证系统中，为了弱化设备端，实现人员刷脸管理，而且考虑到使用的方便和安全，决定采用移动设备，也就是智能手机设备来实现身份验证。所以设计一款有良好用户体验、安全的 APP 至关重要。下面从一些功能出发展开详细的分析。

1. 软件安全

因为本款 APP 涉及重要的个人信息，APP 的安全性必须放在首位。用户在第一次进入 APP 时必须输入登录账号和密码，此密码加密后只保留在本地存储，系统不会将用户的密码进行上传。用户再次使用 APP 或者从后台打开 APP 时都需要进行密码验证。为了有更好的用户体验，除了普通的文本密码以外，该 APP 还提供了拍照登录功能。

2. 日志信息

在 APP 中需要对用户的日常行为进行记录，用户的登录登出、刷脸签到、打卡等一系列操作，都会被后台记录并存储到数据库中。

3. 用户管理

用户管理界面是整个身份验证系统的核心，它关乎哪些用户可以进行刷脸识别，哪些用户属于临时用户需要添加授权时间段，哪些用户已经不在授权范围内需要及时删除。同样点击每个用户的列表都会显示该用户的全部信息。该界面主要是对身份验证系统的授权人员进行管理，进行用户的增加、查看、修改和删除。

4. 拍照上传

本身份验证系统在日常使用过程中，广角摄像头会在确定规则下抓拍人脸图片，这些图片会上传到服务器，同时系统会调用深度学习训练的模型，若识别判断与数据库预存图片为同一人，则验证通过，更新数据库图片。

APP 可以从服务器拉取数据并将其缓存在本地，方便以后查看，这些图片也是为了能使管理员随时随地可以了解到系统当前的状态和使用人员。点击人员图片的信息会将对应的图片放大，并可以继续进行两指拉伸放大和捏合缩小等操作。

5. **主界面**

主界面主要指功能的列表界面，通过它用户可以方便地选择进入自己所要使用的功能界面。具体包括刷脸界面、签到界面、娱乐界面和设置界面。

6. **设置**

设置界面有两个方面的内容：一个是对智能设备 APP 的设置，包括个人设置、版本信息等，还可以在此处更换聊天背景；另一个则是登出功能。

7. **其他信息**

APP 会在主界面一些部位添加如日期信息和电量信息等，这些信息都比较重要，也是用户较为关心的内容。用户在打开 APP 后就可以方便地看到这些内容。另外在登录界面，登录成功时，除了会显示系统的功能介绍界面外，还预留了一些广告界面，可以作为系统平台的盈利手段之一。本系统还有一个娱乐界面，主要包括了当下比较火热流行的狼人杀桌游功能、聊天室功能和摇一摇抽签功能，等等。

（二）身份验证系统安卓 APP 数据存储需求分析

在身份验证系统设备内存储的重要数据有两种，一种是以图片格式存储的人脸图片文件，还有一种是在 SQ Lite 数据库中存储的人员签到信息和日志记录等。数据的正确采集和存储是整个系统中尤为重要的部分，它关系到用户是否可以顺利地进行人脸识别和考勤签到，也关系到日后的维护或者系统升级时的数据支持，所以建立一套完善的数据存储系统十分重要。

1. **人脸图片数据**

人脸图片经过拍照存储后会默认存在相应的路径，每一个文件的命名方式都与其生成的时间相关，这样就确保避免了识别时会发生利用以前的照片来进行识别签到的行为。数据库中的每一个人员信息数据表都有一个字段，它用来指定该用户的人脸信息文件路径，当需要匹配时需要先从数据库获取该用户的人脸图片文件路径，然后通过路径读取文件，将数据传入程序中进行人脸信息的比对。

2. 数据库数据

在嵌入式系统中，因为硬件软件的资源有限所以选取使用了 SQ Lite 这一种轻型的数据库系统。为了满足身份验证系统对于数据记录的要求，共设计了三个数据表，分别是用户信息数据表、运行日志数据表、签到识别日志数据表。

①用户信息数据表，用户信息数据表主要功能是存储用户使用移动端应用进行用户注册时填写的基本信息。所包含的字段有 ID 号、用户名、密码、邮箱、昵称等。

②运行日志数据表，运行日志数据表记录的是系统运行过程中的重要事件，目的是在后期维护中维修人员可以快速定位系统的错误点。

③签到识别日志数据表，其主要功能是存储用户的签到信息和状态。目的是方便管理员进行查看，它也可以作为考勤评定的重要依据。

身份验证系统设备的数据记录和管理都是为了整个系统更加安全，以及在遇到故障、入侵时能够向用户提供有效的数据作为技术支持。

四、深度学习环境搭建

深度学习算法的实现对于环境有很强的依赖性，常见的首先分为依赖于 GPU 集群的和依赖于 CPU 集群的。本节选用了 GPU 单卡服务器，由于实验条件的限制，只搭建了一块 1070 独显，作为计算器核心。

第一步是机器的组装，因为深度学习对于硬件有一定的要求，所以组装机器时一定要注意必要条件是否都满足。机器组装完成后，接下来就是环境的搭建了。

第二步是 Ubuntu 系统的安装，选择了安装 Caffe 框架，而该框架理论上只支持 Linux 系统，所以接下来就是下载安装 Linux 系统。具体的系统版本选定了安装较为稳定的版本 Ubuntu 14.04。

第三步是下载并安装独显显卡驱动 NVIDIA。第四步是安装 CUDA8.0（VDA 是 GPU 做计算用的核心驱动）安装结束后，在命令行输入 nvidia-smi 即可验证安装是否完成，如果结果显示如图 6-1 所示，则表示安装成功。安装完成后还要安装 CUDNN5.0（它用来加速 GPU 计算的驱动）。

第四步是安装 CUDA8.0（CUDA 是 GPU 做计算用的核心驱动）。安装结束后，在命令行输入 nvidia-smi 即可验证安装是否完成，如果结果显示如图 6-1 所示，则表示安装成功。安装完成后还要安装 CUDNN5.0（它用来加速 GPU 计算的驱动）。

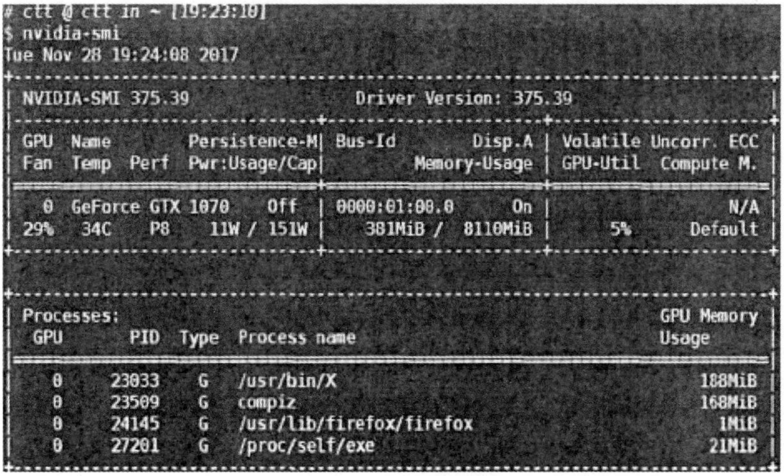

```
# ctt @ ctt in ~ [19:23:10]
$ nvidia-smi
Tue Nov 28 19:24:08 2017
+-----------------------------------------------------------------------------+
| NVIDIA-SMI 375.39                 Driver Version: 375.39                    |
|-------------------------------+----------------------+----------------------+
| GPU  Name        Persistence-M| Bus-Id        Disp.A | Volatile Uncorr. ECC |
| Fan  Temp  Perf  Pwr:Usage/Cap|         Memory-Usage | GPU-Util  Compute M. |
|===============================+======================+======================|
|   0  GeForce GTX 1070    Off  | 0000:01:00.0      On |                  N/A |
| 29%   34C    P8    11W / 151W |    381MiB /  8110MiB |      5%      Default |
+-------------------------------+----------------------+----------------------+

+-----------------------------------------------------------------------------+
| Processes:                                                       GPU Memory |
|  GPU       PID  Type  Process name                               Usage      |
|=============================================================================|
|    0     23033    G   /usr/bin/X                                    188MiB |
|    0     23509    G   compiz                                        168MiB |
|    0     24145    G   /usr/lib/firefox/firefox                        1MiB |
|    0     27201    G   /proc/self/exe                                 21MiB |
+-----------------------------------------------------------------------------+
```

图 6-1　安装验证图

第五步是安装 Caffe 框架，具体的步骤：①安装依赖项；② BLAS 安装；③安装 pycaffe 接口所需要的依赖项；④继续安装依赖项；⑤安装 Opencv2.9，因为版本支持的缘故，Opencv 的版本要与 CUDA 兼容，只能下载安装比较早期的版本，不可直接用 apt-get 安装，不然会发生版本错误。

第六步是安装 Matlab 和 Python，本节主要使用的是 Python，因为在后台使用的是 Java 语言，在 Java 语言中如果运行 Matlab 脚本，速度会较慢，而 Python 脚本是可以直接在 Java 语言中执行的，从这点考虑，在不影响算法性能的角度上，本节安装了 Python 2.7。最后编译 Python 用到的 Caffe 文件，输入 make pycaffej 16，如果程序顺畅跑完，则至此环境就算搭建完成。

第四节　身份验证系统的整体框图及设计与实现

一、身份验证系统的整体框图

身份验证系统整体框图主要分为三个部分：人脸模块、WEB 服务器和智能移动设备 APP。

（一）人脸模块

人脸模块包括深度学习环境的搭建、卷积神经网络的搭建以及数据图片的搜集等。

（二）WEB 服务器

WEB 服务器是指接入到公网的提供了数据访问、保存、上传和消息推送等功能的 WEB 应用服务器。

(三)智能移动设备

智能移动设备主要指的是运行在智能终端(Android 操作系统)上的 APP,用来进行移动考勤管理。它能够进行刷脸验证,能调用百度地图 API 定位考勤地点,还可以实时查看签到的时间和时长,另外还有聊天室功能、狼人杀等休闲娱乐功能等模块。

二、身份验证系统的设计与实现

下面主要从三个大方向来介绍整个身份验证系统的设计与实现,三个方向分别是人脸识别子系统、考勤管理子系统、服务器接口。

(一)人脸识别子系统的设计与实现

1. 图像采集

首先通过与网络相连接的摄像头拍照,将拍照的图片上传至服务器,完成第一步的图像采集工作,注意拍照一定要在光照充足的情况下,且拍照时必须正脸完整出镜,最好不要戴墨镜,因为训练的样本中都是裸眼样本。这里摄像头的性能对于算法性能测试结果会有一定的影响,但是由于本次实验都采用统一的摄像头,因此在后面的论述中,这部分影响将不再讨论。

2. 人脸检测

人脸检测这部分,采用了 MTCNN 算法来实现,这种算法提出了一种 Mufti-task 的人脸检测框架,将人脸检测和人脸特征点检测同时进行,这种算法使用了 3 个 CNN 级联的方式,其性能与普通分类器相比有很大的提升。具体结构如图 6-2 所示。

第六章 基于人脸识别与深度学习的身份验证系统设计及应用研究

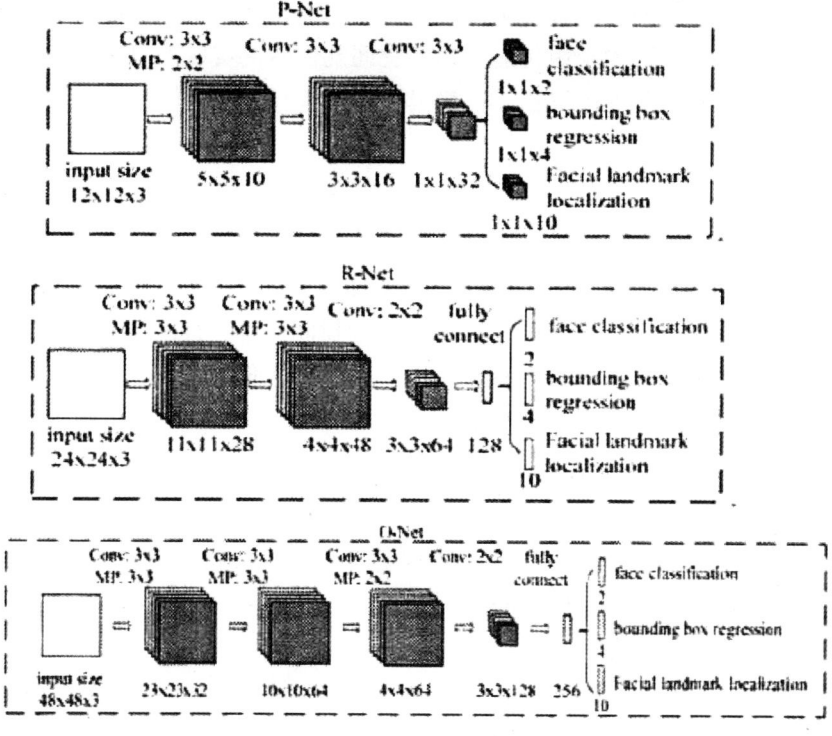

图 6-2 MTCNN 算法结构图

MTCNN 算法的具体步骤如下：当给定一张标准规格的照片的时候，将其缩放并叠放在右下角形成图像金字塔，总尺度不变。然后再依次通过三个神经网络。

首先，通过 P-Net，这是一个全卷积网络，用来生成候选窗和边框回归向量。由于一开始的约束条件较为宽松，会生成一系列的候选框，因此需要对这些候选框进行进一步的筛选，这时就要用到非极大值抑制来合并重叠的候选框了。

其次，通过 N-Net 改善候选窗。将通过 P-Net 的候选窗输入到 R-Net 中，拒绝掉大部分错误的候选窗口，然后继续使用非极大值抑制合并候选框。

最后，通过 O-Net 输出最终的人脸框和特征点位置。将通过 R-Net 的候选窗输入到 O-Net 中，拒绝掉错误的窗口，继续用非极大值抑制合并重叠的候选框，同时描出 5 个关键点。

3. 人脸对齐

人脸对齐的第一步就是人脸特征点检测，指在特定的区间即人脸部分，从特定的规律出发，找到所有规定的关键点。这里一般比较常用的都是五点法，即标注出双眼、鼻尖和左右嘴角这五点。

描出关键点之后，还有一步图像预处理的操作，这一步需要用到空间上的位移旋转操作，一般采用仿射变换即空间几何变换实现关键点的对齐。本节不涉及比较复杂的变换操作，一般只对图片进行简单的位移和小角度旋转的操作。

4. 人脸匹配

首先需要注册图片，输入一个注册 ID，进行人脸检测，对检测的图片做人脸对齐操作，将处理后的图片输入神经网络，提取特征向量并保存下来；接着是验证操作，输入验证的 ID，进行人脸检测操作，将检测到的图片做对齐处理，将处理后的图片输入神经网络，提取特征向量；然后计算验证和注册的特征向量的欧氏距离的余弦值，与阈值进行比较，大于阈值则识别为同一人，小于则判定不是同一人。

5. 人脸模型

人脸模型的结构图一共有 13 个卷积层、3 个全连接层、5 个最大值池化层，13+3=16，这也是 VGG-16 命名的由来。

6. 人脸识别算法的性能

下表 6-1 对比了两种人脸识别算法的性能，一种是感知哈希算法，这也是市面上大多数普通应用常用的人脸识别算法，硬件要求低。另一种是本节采用的 MTCNN 算法。

由表可知，MTCNN 算法与感知哈希算法相比，不管是在速度上还是在精度上都有一个很大程度的提升。

表 6-1 人脸识别算法性能对比结果

算法	时间（ms）	精度
感知哈希算法	2243.31	65.21
MTCNN 算法	1029.31	91.32

表 6-2 人脸识别算法性能对比结果

算法	图片	网络数	精度
Facebook 算法	4M	3	97.35
MTCNN 算法	2.6M/5.2M	1	98.95/99.12
VGG-16 算法	2.6M/5.2M	1	98.37/98.82

表 6-2 对比了三种人脸识别算法的性能，包括 Facebook 算法、MTCNN 算法、VGG-16 算法，而且在数据量上，后面两种算法也针对两种情况的数据量进行了性能测试。

测试中所使用的数据集均为本节中所提的训练集的翻转镜像集。

由表可知，与 Facebook 算法相比，VGG-16 算法的性能优势明显而与 VGG-16 算法相比，MTCNN 算法表现出来的性能优势明显。

此外，在表格中还可以发现，当训练集的数量增加时，也就是翻转图片得到翻倍的训练集时，不管是 VGG-16 算法还是 MTCNN 算法，在精度上都得到了一定程度的提升，虽然不明显，也可能存在偶然，但是还是能够从侧面说明，在一定条件下，训练集越大，训练出来的模型性能越好。

（二）考勤管理子系统的设计与实现

这部分主要是考勤管理 App 应用的设计与实现。目前市面上的考勤管理 App 应用主要分为两种，按操作系统分为 Android 和 IOS，本节主要针对安卓端的应用，Android 是一种基于 Linux 的操作系统，主要使用于移动设备，目前 Android 的移动互联网用户已经突破 10 亿，是当前用户数量最多的手机移动平台。

1. 身份验证系统 APP 开源库使用

优秀的第三方开源库能减少 APP 开发者的大量任务，这些开源库经过大量的使用、更新和所有开发者的共同维护，已经具备了强大的功能，在选择相似功能开发时，使用现有的第三方开源库不仅能节省开发成本，还能提高程序的健壮性。好像一个建筑师，手里已经有了一堆可以使用的模型，而这个建筑师所要做的，就是使用这堆模型，像堆积木一样完成自己的作品。第三方的应用就好比这个建筑师手里的模型，使用得当，能发挥巨大的作用。GitHub 是一个面向开源及私有软件项目的托管平台，许多企业还有个人都会在上面托管自己的项目代码。本节所有的开源库都来自 GitHub 平台。下面列举一些优秀的第三方开源库。

①Baidu Map API，它是百度公司为 Android 开发者开发相应的应用提供的一套定位服务接口。通过使用百度定位 SDK，开发者可以轻松地使应用程序实现智能、精准、高效的定位功能。

②GSON，它是谷歌公司开发出来的用来在 Java 对象和 JSON 数据之间进行映射的 Java 类库。

③Event Bus，它是用于简化应用中各个部件之间通信的一个库。

2. 身份验证系统 APP 功能设计与实现

刷脸小助手 App 应用按功能模块来分，可以分为四块，分别是用户模块（用户登录、注册）、人脸考勤模块（常规刷脸考勤、外差考勤）、团建娱乐模块（桌游）、扩展模块（社交、游戏）。

①用户模块，主要包括登录、注册功能，用户可以通过滑动式的主界面

随意进入想要使用的任意四个功能模块中的一个。

②人脸考勤模块，主要包括刷脸识别功能、定位考勤签到功能，后者是应用的核心功能。

③团建模块。设计实现了一个可以供线下 12 人参与的狼人杀桌游，包括两种模式即标准版本和白狼王版本，可以按位置随机给玩家分配身份角色，然后上帝（裁判）可以查看所有人的身份并记录其是否死亡。

④扩展模块。利用 Socket 通信设计实现了一个聊天室的功能，用户可以随意给自己取一个 ID 名，然后进入聊天室和其他人聊天交流。还设计了一个连连看的小游戏，供用户休闲娱乐。

下面从刷脸小助手应用的各个界面出发，来详细讲述一下该应用的设计与实现。

（1）欢迎界面和登录注册界面

欢迎界面就是指用户每次打开应用就能看到的界面，也就是登录界面或者注册界面。选择登录就进入登录界面，选择注册就进入注册界面，登录界面需要输入用户名和密码，忘记密码可以点击忘记密码，通过邮箱找回密码。该界面由一个标题栏加两个文字栏组件、一个图片按键组件、一个按键组件组成，布局格式为线性布局排列方式。

注册需要输入注册账户名、密码、确认密码、邮箱和昵称。另外值得注意的是在输入时，还要对相应格式进行判断，如账户名是否为英文字母，密码是否为数字，邮箱格式是否正确，昵称是否为汉字等。此外注册完成第一次进入时还需要上传一张照片到服务器备份。

不论是对于登录还是注册功能，都需要与服务器端交互，只有通过服务器端的信息验证才能在移动端上继续使用其他功能，这里就涉及一个网络编程的技术难题，而在安卓中网络编程尤为值得注意的一点就是它涉及需要使用多线程编程的问题。因为主线程要操作 UI 界面，要响应用户的请求等，而网络编程一般大都是耗时操作，在主线程中进行网络编程的话，容易造成堵塞，且一般会导致处理时长超过 10 秒引发程序应用未响应而强制退出。

安卓的多线程编程常见的有两种方式，一种是 Async Task，还有一种是 Handler。前者多用于异步操作处理，是较轻量级的异步类，处理单个异步任务简单，但是在本节中，涉及大量的异步操作，所以采用了第二种方式来实现多线程的操作。

这里除了安卓端的实现，还需要在服务器端编写接口才行。如移动端登录就需要编写一个单独的接口。在接口中主要是接受移动端发送的请求，解析请求中包含 Json 格式的数据，解析出数据当中的用户名和密码，根据用户名查询数据库，看用户信息是否一致，最后再返回结果到响应中。

当注册完成登录时，会有一系列广告界面和功能介绍界面像幻灯片一样依次闪过，然后有一个动画开门的效果。这是想预留广告位，这一设计可以作为未来应用的一个可能的盈利点。幻灯片效果采用 View Pager 组件实现，左右滑动即可切换界面，动画效果是一个简单的放大和平移的效果叠加，让两个门的图片组件整体放大 0.5 倍的同时平移，直到分别移出屏幕。

（2）主界面

主界面就是用户每次进应用都能看到的主要界面，用户可以在这个界面选择所想要进入的核心功能界面的界面。所以主界面的设计，需要简洁明了，让用户能够轻易找到自己想要的功能并使用，而且还要尽可能多地给予一些指示，让用户可以知道哪个是自己想要的。本应用主界面主要包括四个核心功能，分别是聊天室部分、刷脸部分、朋友部分和设置部分。

这个界面也是由前面提到过的 View Pager 这个组件来实现的，View Pager 又叫视图滑动切换工具，继承自 View Group，也就是说 View Pager 归根到底还是一个容器类，可以包含其他的 View 类。具体的实现则是，首先创建四个布局文件，分别为相对的四个核心功能的布局，然后将这些布局页卡加入设配器中，设置一个针对页卡切换的监听器，监听屏幕上手指的滑动方向，手指是顺序滑动还是逆序滑动，决定页卡是向下还是向上切换，切换的过程就是一个重新绘制布局的过程，当然最下面的那一组图片按键组件不重新绘制，只是让高亮的光标相应平移即可。

（3）聊天室界面

聊天室界面是本应用用来进行即时聊天的界面，用户在进入该功能界面后，能与同一网络中的用户群一起交流沟通。这里采用的即时通信手段是 Socket 通信，Socket 是一种基于 TCP/IP 协议，建立稳定连接的点对点通信，它的特点是安全性高，数据不会丢失，但是很占系统资源。大致分为以下几个步骤。

服务器端的步骤如下。

①首先建立一个服务器端的 Socket 实例，然后开始监听整个连接网络中的连接请求。

②当检测到来自客户端的连接请求时，向客户端发送接收到了连接请求的信息，并且建立与客户端之间的连接。

③当完成通信后，服务器关闭与客户端的 Socket 连接。

客户端的步骤如下。

①建立一个客户端的 Socket，确定要连接的服务器的主机名和端口。

②发送连接请求到服务器，并等待服务器端的返回结果。

③连接成功后，与服务器进行数据交互。

④数据处理完毕后，关闭自身的 Socket 连接。

整个界面布局按线性分为上下两部分，上半部分用来输入 ID 和说话内容，包括两个文字栏组件和一个按键组件，点击这个按钮则发出文件框中的内容，下半部分则是背景图片和聊天记录显示，这里就直接放在一个文字栏组件中输出到了屏幕上面。

由于 Socket 服务器不稳定，为了整个平台的稳定性，最后的选择是单独在平台的服务器之外开辟一个 Socket 通信的服务器端，用来保证平台的稳定性。

4. 刷脸界面

刷脸界面包含两大核心功能，一个是刷脸验证，另一个是签到打卡。

首先是点击 Take Photo 这个按钮，调用手机端摄像头拍照，然后点击 Face Reg 按钮，即将照片上传到服务器端识别验证，具体过程：①通过网络编程即多线程编程等手段将拍照图片上传至服务器端指定路径；②调用服务端的人脸检测模型，得到预处理后的图片存入指定路径，处理后的图片裁剪出了人脸部分且描出了五个关键点；③调用人脸匹配模型，与数据库中同 ID 的账户预存储的照片相比对，得到结果返回客户端；④接受返回结果输出在屏幕下方。

签到打卡界面由上中下三部分构成，最上方是使用百度地图 API 绘制的百度地图 Map View 组件，能够准确定位到签到打卡的地点，避免用户虚假签到等行为。这里调用第三方接口同样需要网络多线程编程，同登录一样采用 Handler 解决，值得注意的是第三方接口使用时，在访问自身服务器之前还要登录第三方的服务器获取数据。中间包括四个组件，最左边是签到卡，点击可以进去查看签到时长和地点等具体签到信息，其中比较麻烦的是时长的显示，需要自己重写一个时间格式的转译器，因为数据要在 Intent 中封装，所以只能存为 String 格式，但是 Java 语言默认获取的当前时间格式却不是常规格式，所以需要转译。正中间为签到和打卡两个按钮，最右边为一个是否已签到的确认组件，能够看到自己的签到状态。最下方为主要的签到打卡结果信息显示，能够看到是否签到成功或者打卡成功。

这里主要是首先实例化了一个 Map View 组件，利用百度地图的接口，初始化了地图组件，通过网络 GPS 等位置提供器获得了初始位置。

在实现签到打卡这一块的时候，具体涉及的主要问题是信息数据在活动间的传递，所以这里需要用到第三方的 Event Bus 这个开源库，它的作用就是为数据在组件间的传递服务。不仅有数据向下传递，还有往回传递的一个过程，因为在签到界面，需要保存签到状态，这就需要信息的一个往回传递，哪怕从主界面再次进入，只要没有注销打卡，签到状态就需要一直保存下去直到 24 点之后，该界面设置了一个定时器，每天零点会将各种状态数据信息清零。

（5）娱乐界面

娱乐界面，主要分为两个部分，第一部分为桌游版块，设计实现了一个线下狼人杀的桌游应用；第二部分为摇一摇功能，为一个抽签小程序，在供大众娱乐的同时也可以用来测试虚无缥缈的运道。

第一部分界面左图是游戏开始界面，采用列表组件展示，包括卡牌背景图片组件和文字栏组件，点击最下方左边的开始游戏按钮，系统会给所有玩家随机发放身份，然后玩家依次点击自己座位号的卡牌获取自身的身份信息，在最下方还可以选择模式和人数，另外裁判可以点击进入上帝视角查看游戏进度和结果。

第二部分就是在监听器中，监听器监听了重力加速器和速度加速器在三维坐标系中 xyz 三个方向的变化，当变化大于设定的速度阈值 3000 时就判定为发生摇一摇事件，然后就开始震动，并且弹出预先设定的相应签文，即实现抽签的响应结果。根据测试的随机性结果，将签文分为上上、上、中、下、下下五种结果，保证结果出现的概率尽量服从正态分布，以上、中、下为常见的三种签文。

（6）设置界面

设置界面主要用于一些个人信息的管理，如更改聊天背景，此外还有完成退出登录，账户注销等功能。

更改聊天背景的实现，是使用了安卓中一个叫 Gallery 的组件来实现的，有点类似于列表组件，需要事先将图片封装到适配器中，然后通过适配器对屏幕的监听来更改图片内容。

3. 身份验证系统 APP 数据存储设计与实现

刷脸小助手 APP 将数据储存在 SQ Lite 数据库中，SQ Lite 数据库是一款应用于手机移动端的轻量级嵌入式数据库，选择使用数据库存储是考虑到后期如果添加数据同步的功能，可以将整个数据库进行上传备份，而且虽然在服务器端已经有了 MySQL 数据库，但是为了移动端的数据使用更加方便快捷，不用每次都去服务器端请求访问数据，在移动端也建立了一个临时数据库，既可以当作备份，又可以用作移动端的数据缓存库。移动端主要建立了三个表，一个是用户信息数据表，一个是运行日志数据表，最后一个是签到数据表。

(1) 用户信息数据表

用户信息数据表的主要功能是存储用户使用刷脸小助手 APP 进行用户注册时填写的基本信息。所包含的字段有 id、user_name、user_info、email、nickname、pi 和 register_time。

① id，主键，整形，自增长。它是用户信息数据表中每一位用户基本信息的唯一标识，可以根据这个值定位到唯一的用户信息。

② user_name，文本字符串，非空值。它指身份验证系统中用户信息数据表中每一位注册人员的姓名，并非唯一的值，可能出现重名的情况。

③ user_info，整形，非空值。它指用户信息数据表中每一位注册人员的附加信息，如手机号码、性别和地址等信息。

④ useres_flag，文本字符串，非空值。用户信息数据表中每一位注册人员的权限标识。

⑤ email，文本字符串。它指用户信息数据表中每一位注册用户的邮箱，便于找回密码。

⑥ nickname，文本字符串。它指用户信息数据表中每一位注册用户的昵称。

⑦ pic，二进制大对象。它指用户信息数据表中每一位注册用户的注册图片。

⑧ register_time，时间类型，非空值。用户信息数据表中每一位注册人员的注册时间，以"YYY-MM-DD HH：MM：SS"的格式存储。

(2) 运行日志数据表

身份验证系统运行日志数据表的主要功能是存储设备在运行过程中产生的运行日志，用于后期的维护和管理。所包含的字段有 run_id、run_time 和 run_info。

① run_id，主键，整形，自增长。它是运行日志数据表中每一条日志信息的唯一标识，可以根据这个值定位到唯一的运行日志信息。

② run_time，时间类型，非空值。它指运行日志数据表中每一次产生运行记录的时间，以"YYYY-MM-DD HH：MM：SS"的格式存储。

③ run_info，文本字符串。它指运行日志数据表中每一条日志信息的具体内容，如版本升级、更新等信息。

(3) 签到数据表

签到数据表主要功能是存储用户的签到信息和状态。所包含的字段有 id、user_name、qiandaotime、dakatime、latitude 和 longtitude。

① id，主键，整形，自增长。它是签到数据表中每一条签到信息的唯一标识，可以根据这个值定位到唯一的签到打卡信息。

② user_name，整形，非空值。它指签到数据表中每一条签到信息的签到人姓名。

③ qiandaotime，文本字符串，非空值。它指签到数据表中每一条签到信息的时间，以"YYYY-MM-DD HH：MM：SS"的格式存储。

④ dakatime，文本字符串，非空值。它指签到数据表中每一条打卡信息的时间，以"YYYY-MM-DD HH：MM：SS"的格式存储。

⑤ latitude，文本字符串，非空值。它指签到数据表中每一条签到信息的位置的纬度信息。

⑥ longtitude，文本字符串，非空值。它指签到数据表中每一条签到信息的位置的经度信息。

（三）服务器接口的设计与实现

在服务器端，因为服务器使用 Java 语言编写，而 Java 语言支持命令行指令，所以可以直接命令行调用 Python 脚本。虽然同样可以调用 Mattab 脚本，但是在 Eclipse 中打开 Matlab 耗时久，影响应用的性能，所以才调用 Python 脚本。人脸接口的实现主要是通过调用 Python 编写的脚本，再通过脚本调用训练得到的模型来得到阈值，进行人脸匹配的。

在服务器端，安卓接口的功能主要是将移动端采集到的数据解析出来，并存储到数据库中。因为本节的数据主要以 JSON 的形式传递，所以问题的本质就是 JSON 的解析问题，利用前面提到的 GSON 解析 JSON 键值对，将数据一一对应，存入相应数据库。

但是考虑到安卓多种功能请求的问题，需要编写相应数量的接口数来实现相应的功能，避免数据发生紊乱。

参考文献

[1] 田捷，杨鑫. 生物特征识别技术理论与应用 [M]. 北京：电子工业出版社，2005.

[2] 王志良，孟秀艳. 人脸工程学 [M]. 北京：机械工业出版社，2008.

[3] 邬向前，张大鹏，王宽全. 掌纹识别技术 [M]. 北京：科学出版社，2006.

[4] 猿辅导研究团队. 深度学习核心技术与实践 [M]. 北京：电子工业出版社，2018.

[5] 张成海，张铎. 现代自动识别技术与应用 [M]. 北京：清华大学出版社，2003.

[6] 张铎. 生物识别技术基础 [M]. 武汉：武汉大学出版社，2009.

[7] 中国自动识别技术协会. 条码与射频标签应用指南 [M]. 北京：机械工业出版社，2003.

[8] 周晓光，王晓华，王伟. 射频识别（RFID）系统设计、仿真与应用 [M]. 北京：人民邮电出版社，2008.

[9] 邓江洪，赵领. 一种嵌入式指纹识别系统设计与实现 [J]. 现代电子技术，2016（06）.

[10] 范高锋，王伟胜，刘纯，等. 基于人工神经网络的风电功率预测 [J]. 中国电机工程学报，2008（34）.

[11] 顾陈磊，刘宇航，聂泽东，等. 指纹识别技术发展现状 [J]. 中国生物医学工程学报，2017（04）.

[12] 黄培. 基于改进 BP 算法在深度神经网络学习中的研究 [J]. 机械强度，2018（04）.

[13] 李亚鹏，万遂人. 基于深度学习的行人属性多标签识别 [J]. 中国生物医学工程学报，2018（04）.

[14] 李彦冬，郝宗波，雷航. 卷积神经网络研究综述 [J]. 计算机应用，2016（09）.

[15] 刘飞，张俊然，杨豪．基于深度学习的医学图像识别研究进展 [J]．中国生物医学工程学报，2018（01）．

[16] 柳欣，耿佳佳，钟必能，等．多生物特征融合发展现状及其展望 [J]．小型微型计算机系统，2017（08）．

[17] 吕国豪，罗四维，黄雅平，等．基于卷积神经网络的正则化方法 [J]．计算机研究与发展，2014（09）．

[18] 马晓，张番栋，封举富．基于深度学习特征的稀疏表示的人脸识别方法 [J]．智能系统学报，2016（03）．

[19] 明东．人体信息检测与智能人机交互 [J]．仪器仪表学报，2017（06）．

[20] 秦武旻，朱长婕．虹膜快速检测与精确定位的算法研究 [J]．国外电子测量技术，2017（04）．

[21] 宋辉，刘奉华．基于数据预分析的虹膜识别方法 [J]．计算机技术与发展，2018（08）．

[22] 孙志远，鲁成祥，史忠植，等．深度学习研究与进展 [J]．计算机科学，2016（02）．

[23] 王科俊，李国斌．DRNN 神经网络用于船舶横摇运动的时间序列预报 [J]．哈尔滨工程大学学报，1997（01）．

[24] 吴震东，王雅妮，章坚武．基于深度学习的污损指纹识别研究 [J]．电子与信息学报，2017（07）．

[25] 闫新宝．深度学习及其在人脸识别中的应用进展 [J]．无线互联科技，2016（08）．

[26] 严严，陈日伟，王菡子．基于深度学习的人脸分析研究进展 [J]．厦门大学学报（自然科学版），2017（01）．

[27] 杨巨成，刘娜，房珊珊，等．基于深度学习的人脸识别方法研究综述 [J]．天津科技大学学报，2016（06）．

[28] 易锋，胡馨莹．基于深度残差网络的行人人脸识别算法研究 [J]．电脑知识与技术，2018（23）．

[29] 余冰，金连甫，陈平．基于特征运动的表情人脸识别 [J]．中国图象图形学报，2002（11）．

[30] 张贵英，张先杰．基于图像的人脸识别算法研究综述 [J]．电脑知识与技术，2017（11）．

[31] 朱小燕，王昱，徐伟．基于循环神经网络的语音识别模型 [J]．计算机学报，2001（02）．

[32] 朱秀娟，卢琳，钟洪发．人脸识别技术在考试身份验证中的应用 [J]．

激光杂志，2016（06）．

[33] 曹天挺．基于人脸识别的身份验证系统的设计与实现 [D]．北京：北京邮电大学，2018．

[34] 陈俐君．基于深度学习的虹膜图像加密研究 [D]．北京：华北电力大学，2017．

[35] 王飞．基于深度学习的人脸识别算法研究 [D]．兰州：兰州交通大学，2017．

[36] 许可．卷积神经网络在图像识别上的应用的研究 [D]．杭州：浙江大学，2012．